JN074007

補訂版

和菓子

伝統と創造

何に価値の真正性を
見出すのか

森崎美穂子＝著

水曜社

はじめに

　四季折々の豊かな自然、暮らしの営みとともに発展してきた日本の菓子「和菓子」は、今日、また新たな転換期を迎えているように思われる。これまでも日本の菓子は、外来文化と融合し、また産業化や工業化も受容しながら発展してきた。本書は、このような日本の菓子の歴史を踏まえ、現在の和菓子産業に起こっている変化を捉えようとする。

　日本の菓子は、かつては政（まつりごと）や神事、寺社、茶席、贈答品として、特権的身分の人々の社会的結合を維持するツールとして用いられてきた。またそれは松竹映画『男はつらいよ』（寅さん）で見られるように、門前の餅や団子といった庶民の暮らしのハレの日の食べ物としても発展してきた。さらに時代を下って高度成長期には、菓子も工業的な生産方式で大量に生産されはじめた。洋菓子も一般的になり、家庭のお茶請けの菓子も、和菓子から洋菓子へと取って代わられることが多くなった。また宿場町で売られていた餅や団子、菓子類は、鉄道の駅や高速道路での土産品として売られるというように、場所も用途も変化してきた。あるいは、季節の行事ごとに家庭で手づくりされていた「おはぎ」や「お彼岸団子」も今では商品として販売されることが多くなった。しかし、一方で、教養・修養としての茶道の興隆もあり、職人の手仕事、高度な技術も維持されてきたのである。

　このように、和菓子はその種類や需要機会によって、歴史的背景や製法も多様である。また和菓子業界では創業から数百年の老舗も存在し、時代の変化を乗り越え、連綿と暖簾を受け継いでいる。伝統文化の維持と発展という一言では語れないような紆余曲折を経てきた。たとえば明治維新、戦中戦後の食糧難、その後は茶道人口の減少といった重要な取引先の消失や需要機会の変化、場合によっては材料や技の継承の断絶を伴うこともあった。

　しかし、こうした和菓子の歴史や、今もなお継承されている職人技といったものは、将来に受け継がれるべき日本の食文化、文化資源の要素をなしている。そして近年、先人たちの営みの上に和菓子業界内部から和菓子の価値観が転

換するような萌芽的変化が起こっているのである。特に和菓子と異なる業界やデザインとのコラボレーション、和菓子のアート化に伴う和菓子職人の作家やアーティストとしての登場、唯美化といえるような動きがある。これらの新しい和菓子を巡る活動形態は、近年のソーシャルメディアと共存している。しかし、伝統的な茶の湯のための菓子、暖簾の価値が消失したわけではなく、ますますこの意義が重みを増している様相も見せている。つまり、和菓子において多様な評価や価値が同時に共存していることが確認できるのである。

さらにここ数年の間に、和菓子を取り巻く社会的な環境も変化した。これは日本の食に対する国際的な評価や位置づけが大きく変化したことと関係が深い。かつて日本の食は、日本人が長寿であるといったことからも献立の栄養バランスや大豆食品など、「健康」と関連付けられて、その機能的特性において関心を集めてきた側面があった。しかし、この時点では「和菓子」が嗜好品であること、また豆と砂糖の組み合わせが諸外国では馴染みがなかったことから、和菓子はあまり注目されてこなかった。

ところが今日では、日本の食材や食文化そのものに関心が向けられるようになっている。たとえば2013（平成25）年に日本の伝統的な食文化が「和食」としてユネスコの無形文化遺産に登録されたことは大きな転機となったであろうし、2015（平成27）年に開催された世界で初めての「食」の万博「ミラノ国際博覧会」では「日本館」が人気を博した。他にもミシュランの旅のグルメガイドでは、日本においても多くのレストラン、鮨屋が「星」を獲得したことも話題となった。またフランスにおいても日本人シェフがミシュランの「星」を獲得し、パティシエも国際コンクールで受賞を重ねるなどの活躍が注目されてきた。

このような時代の潮流によって、日本の菓子「和菓子」についても、ようやくその存在や特異性が国内外で発信される時代が到来したと思われる。急増している訪日外国人旅行客は、流通菓子を中心に土産品としてこれらを多く消費していることが統計などでも示されている。また「和菓子」のなかでも、とりわけ「上生菓子」などは、世界的にも日本のエキゾチシズムを醸し出す特異な食品として、そのデザインが注目されている。これらは、すでにFacebookフェイスブックやInstagramインスタグラムといったソーシャルメディア等を通じて外国人の目に触れる機会も多くなっている。

❖本書の目的

　本書は、こうした和菓子を取り巻く環境の変化、そして和菓子そのものの変化を多様な価値観とその価値の変容として捉えることを目的としている。

　①本書の目的の第一は、現代における和菓子の多様な価値について検討することである。歴史的には、菓子（和菓子）は、宮中や神社仏閣、茶の湯とともに発展したとされる。また貴重であった砂糖を用いた菓子は社会的に高い階層に需要があったことから、象徴財やクラブ財としても機能してきた側面がある。老舗の和菓子は、現在でも特別な相手への贈答品などとしても利用されている。

　このように和菓子はその歴史や伝統によって評価されてきた。しかし、現在は、たとえば工業的につくられた和菓子は均質的かつ衛生的であるといった価値によって評価されるだろうし、現代アートのようにつくられた和菓子はそれを生み出す作家（職人）の才能、創造性という価値によって評価されるであろう。こうした和菓子の多様な「価値」はどのように説明することができるであろうか。

　本書は、フランスのみならず欧米諸国の社会科学において近年、隆盛を見ている「コンヴァンシオン」理論の「シテ概念」を参考として、和菓子の多様な価値づけを説明する。フランスは美食大国としてのイメージ戦略に成功していると思われるが、実際はそれを支える農業、原材料の輸出大国である。EU域内外での競争にさらされ、自国の生産者や産品の市場競争力を高めようとしている。他方でフランスの高級ワインや伝統的チーズといった農産品は「テロワール」という観念を通じて、地域に特異な産品として高く評価されてきた。コンヴァンシオン理論は、フランスの農産品の価値について多くの研究を蓄積してきたこともあり、和菓子の多様な価値を分析するにさいして有効である。この理論について、2章の後に「理論編」としてまとめている。そこでは伝統的な京菓子（「家内的シテ」）、大量生産・大量消費される菓子（「工業的シテ」と「市場的シテ」の「妥協」）、百貨店催事の菓子（「プロジェクトのシテ」）、アート化した菓子（「インスピレーションのシテ」）というように、和菓子の多様な価値が統一的に説明されることになる。他国の食品および農産品の価値づけに関する理論を参照することで、日本人にとっては身近すぎて見えにくくなっている和菓子を巡る経済アク

ターたちの関係、和菓子の社会的、文化的な価値、様々なアクターによる価値づけが明らかになる。

　②本書の第二の目的は、和菓子と地域の繋がりについて検討することである。たとえばフランスは、チーズなどの伝統的な加工食品について、その品質を維持するために製造地域や伝統的ノウハウを記した仕様書によってその地理的表示を保護し産品の競争力を向上させ、また産品が地域に固有な文化や景観と生産消費慣行との密接な結び付きを「味の景勝地（SRG）」制度のように観光資源として活用する政策を採用している。

　日本の各地に継承されている多種多様な郷土菓子は、今後は地域の農業やその景観との結合によって評価されることになろう。おそらくいま、日本に残された地域独自の食の存在は、地域住民の豊かな食生活を示しているだけでなく、観光産業の視点からも大きな魅力となっていることは間違いなく、これを文化資源、観光資源として有意義に活用することが期待されていると思われる。

　本書で検討したような分析枠組や目的は、伝統的食文化である和菓子の変容を説明するだけでなく、他の日本の伝統産業の分析にも援用できるであろう。

❖ **本書の構成**

　本書は全6章で構成されている。

　1章は、現在の和菓子の需要に少なからず影響を与えている行事食としての側面について、また地域で発展した和菓子などを民俗学の先行研究から概観する。

　2章では、和菓子の消費額や生産量などについて、統計データを示しながら確認を行う。和菓子産業は、現在も日本の菓子業界のなかで一定のシェアを誇っている。この産業が衰退しているのではなく、その質が変化していると考えられる。

　また2章と3章との間に「理論編」をおいている。ここでは和菓子の多様な価値の共存とその「不協和」によるイノベーションを説明するために「コンヴァンシオン理論」と「価値づけ研究 Valuation studies」に触れている。お急ぎの読者は飛ばし読みされたい。

続く3章では、和菓子の伝統について「京菓子」を取り上げて検討を行う。たとえば、日本人が老舗の「暖簾」に感じるオーラとは何か、その優れた「品質」を構築している背景を明らかにする。

　次に4章では「和菓子の新しい価値の登場」について考察を行った。ここでは、近年萌芽的にみられる和菓子のアート化、和菓子とデザインのコラボレーション、和菓子のイベントといったプロジェクトによる新たな需要の創出などについて検討する。

　5章では、和菓子がどのような方向に向かっているのかについて、海外の事例から「和菓子」の今後を展望したい。ここでは、とらや パリ店などに聞き取り調査をさせていただき、顧客のニーズをどのように取り入れて進化を遂げつつあるのかを紹介した。和菓子の何が価値とされ、どのように消費されているのかといった点は、今後の和菓子の海外進出を展望する上で大いに参考になる。

　もとより本書で業界内のすべての活動を取り上げることはできず、重要な動向も見落としているかもしれない。本書で取り上げた事例は、現在の和菓子業界における萌芽的な動向を示しているが、それとても氷山の一角であろうと思われる。また氷山が堆積した雪で構成されているように、それぞれの時代の価値ある菓子・和菓子が現代的変容を被りつつも共存し、今なお日本の食文化の重要な一部を構成していることも忘れてはならない。

　本書は、和菓子業界の方々の取材へのご協力とご支援、そして諸先生方からのご指導による賜物であり、ご支援くださった皆様に心より感謝を申し上げたい。また僭越ながら本書が今後の和菓子産業、和菓子文化の創造的発展に資することができれば幸いである。

目次

第6章 これからの和菓子

＊写真は撮影者の明記がないものは筆者撮影

第1章

食文化としての
「和菓子」

2013（平成25）年に和食がユネスコの無形文化遺産に登録されたことで、地域や生活に根ざした食が文化として注目され始めた。元文化庁長官の青柳（2015）が、「これまで経済偏重でやってきた日本では、文化の持つ力や自国文化のすばらしさが必ずしも正当に評価されているわけではなく、また十分に知られているわけでもない。期せずしてグローバル化によって存在感があぶりだされ、本格的な成熟社会を迎えてその重要性を増している」と述べているように、とりわけ日本の食文化の特徴は、グローバル化によってその存在意義を再評価されたといえる。

　さて本章では、地域に伝わる和菓子を中心に、民俗学的な側面から日本人と和菓子の関係を見てみよう。ここでは伝統的和菓子が食文化の重要な一つであることを、和菓子産業の需要機会の源泉ともいえる行事食としての側面から確認しておこう。

1. 和菓子の歴史

　最初に和菓子の歴史について簡潔に述べておこう。日本の菓子の源流は、古代には木の実、果物であったとされる。海外から食文化やその菓子が伝来し、点心時代、南蛮菓子時代を経て、砂糖が流通するようになると、次第に日本独自の菓子が発展することになった。和菓子の発展やその位置づけは砂糖と深くかかわっている。菓子は、元来「くだもの」であり、フルーツとナッツの総称であった。これらは主に、主食を補うものとして食されていた。そして砂糖は薬として捉えられていたものであった。砂糖が日本に初めてもたらされたのは、奈良時代754（天平勝宝6）年唐僧鑑真が来朝したさいの舶来品とされている。食物史家の平野（2000）によると日本の甘味は、蜂蜜、蘇、甘葛煎（あまずらせん）、飴（あめ）などがその主なものであったという。蜂蜜は養蜂されていたことが『日本書紀』に記載され、また蘇はチーズのようなもの[*1]、飴は、米を発芽させて（米もやし）乾燥させたものともち米を粥にしたものと混ぜて煮詰めたもの、そして甘葛は蔦（った）の一種で、蔓（つる）の液体を採取したもので、『枕草子』にも記載がみられる。蘇や甘葛は『延喜式』に、これらが日本各地から貢進されていたことが記されている。

室町時代に砂糖が薬として輸入されたほか、貴族や富豪の間では甘味料として珍重された。江戸時代になると徳川幕府によってサトウキビの栽培と砂糖の製造が奨励され、ようやく日本に砂糖が甘味料として定着するようになったのである。しかしこれらの多くは、まだ黒砂糖であったとされる。また平野（2000）によると、砂糖は地方では明治時代でもたいへんな貴重品であったとの記録が残されている。そのため当時は「貴重な砂糖をたっぷり使うことは、相手に対する心からなるおもてなしであった」とされる。

　このような砂糖の輸入と生産奨励を経て、砂糖が用いられた日本の菓子のおおよその原型は、江戸時代後期に整ったとされる。このときの菓子は、基本的には小豆や砂糖、寒天など植物性の原材料を中心としてつくられた（室町時代に流入し発展した卵を使った南蛮菓子を除いては）。菓子の形状も日本独自に発展していた。政（まつりごと）や寺社の大祭に即した菓子の形状は、それぞれ特異であり、菓子屋の暖簾に継承されていることが多い。近世になるまで、菓子が特権階級によって用いられてきた象徴財、クラブ財的な位置づけであった理由は、材料の一つである「白砂糖」が、中世から近世にかけて世界的にも権力と結び付きやすい貴重品であったためである。甘さと象徴的権威との結合は、洋の東西と問わず普遍的現象である（Mintz:1986＝1988）。

　また菓子は、茶の湯によっても格式や形式を整えながら発展してきた。この茶席の菓子については、とりわけ京都の上生菓子として現代も和菓子の評価の基準をなしているとおもわれる。この京菓子については3章で詳しく検討することにしよう。

　一方で、各地に民衆の菓子も多く発展した。暦、農業祭、人生の通過儀礼、縁起、厄除、民間信仰といった行事に用いられていた餅や菓子、そして間食などである。ハレの日の和菓子についても各家庭や寄り合いによって手づくりされ、その多くは塩や味噌、黒砂糖によって味付けされていたと推察されている。また彼岸には、「団子」、「おはぎ」「ぼたもち」などが、家庭でつくられるものとなっていた。しかし現在は、こうした和菓子も商品化されて、家庭ではつくられなくなっていることも家計調査などから示されている。

　また地域独自の菓子は、土産品として継承、販売されていることも多く、歴史的な背景や謂れが商品の紹介に見られる。

2. 地域や都市の文化的特徴を示す和菓子

　ここでは、日本人の生活とともに発展した和菓子についての特徴を地域や都市の文化と関連づけて確認しておきたい。

　和菓子は、「日本の菓子」である。明治期に西洋からもたらされた菓子が「洋菓子」と呼ばれることによって、これまで国内で発展してきた菓子が「和菓子」として区別されるようになった（青木：2000）。人類学者の米山俊直（1988）は、日本の菓子を果物や間食とは区別し、菓子祖「田道間守の伝説」（写真1-1、1-2）[*2]に登場する橘のように、珍しい、おいしい嗜好品、ぜいたくな食物の一つのカテゴリーと位置づけている。和菓子は、朝廷の行事の菓子や神社仏閣の供物として発展していた。その一方で、各地には「郷土料理」[*3]と呼ばれる地域独自の材料や調理方法が発展したことと同様に、間食やお茶請けとして菓子が発展していた。

　和食が世界無形文化遺産に登録されるさい「日本の国土は南北に長く、海、山、里と表情豊かな自然が広がっているため、各地で地域に根ざした多様な食材が用いられています。また、素材の味わいを活かす調理技術・調理道具が発達しています。」という説明がなされたように、郷土食や地域の生活文化に根ざした和菓子についても、小城羊羹（佐賀）や軽羹（鹿児島）をはじめとして、すでに地域ブランドの「本場の本物」制度（一般財団法人食品産業センター）に認定されはじめている。さらに歴史的背景を有する長崎のカステラや、いきなり団子（熊本）、ずんだもち（山形）、南部せんべい（岩手）などにみられるように郷土に根ざし、生活文化や地場の産品との結びつきが強い菓子が多く存在している。郷土菓子と呼ばれる菓子類は、まさに「風土」と呼ばれるにふさわしい、その地域の植生や土地から得られる材料が用いられていた。こうした菓子の伝承は、その伝統的製造ノウハウや地域の食習慣と相まって、地域の文化資源としての存在意義が認められるようになっている[*4]。

　これらの菓子は、現在は、観光名所などで土産物品としても販売され、土産品として便利なように変化変質してしまったものも多い。しかし、土産品を含み、贈答の文化といったものも日本で和菓子が発展した特徴の一つとして捉えることができるであろう。たとえば、米山（1981）によると、菓子の用途は、大別し

写真1-1（左）中嶋神社
「古事記」「日本書紀」が
伝えるお菓子の神様「田
道間守命（たじまもりのみ
こと）」がまつられている兵
庫県豊岡市にある中嶋神
社（総本社）
写真1-2（右）中嶋神社
にある「菓祖」の碑

て客を迎えるときに茶菓を供して接待するという習慣、そしてもう一つが贈答品、進物用が重要な位置を占めた、としている。

　加えて、本書では、村落など地域の共同体で、晴れがましい「ハレの日」の供食に餅や菓子などの役目があった点に注目し、こうした供食としての用途が、現在も和菓子の需要機会にかかわる要素であると捉え、次の項において民俗学の側面からその意義を検討する。

　熊倉（2012）が述べているように、食文化は地域性が高いものであった。現在も和菓子の事業所が多く、消費や生産が多いことが示されている都市、旧城下町では和菓子文化が色濃く継承されている。以下の総務省「家計調査」の結果からも、都市によって和菓子の消費に多寡があることが示されている（表1-1）。

2-1 石川県金沢市の事例

　毎年の家計調査で、日本でもっとも菓子を購入していることが示されている都市が石川県金沢市である。加賀藩の文治政治の影響で「茶の湯」が盛んであったという特徴をはじめ、浄土真宗をはじめとした信仰に根ざした年中行事が存在し、また加賀藩独自の多彩な菓子が民間に広まって発展していたことと関係が深い。なにより金沢では、来客時お茶請けの菓子に加え、持ち帰り分も

表1-1 都市別和菓子消費額——2014~2016年平均（二人以上の世帯）

他の和生菓子		まんじゅう		カステラ		ようかん	
県庁所在地および政令指定都市	円	県庁所在地および政令指定都市	円	県庁所在地および政令指定都市	円	県庁所在地および政令指定都市	円
金沢市	16,910	鳥取市	2,834	長崎市	6,605	佐賀市	1,427
岐阜市	14,309	鹿児島市	2,558	高知市	1,458	福井市	1,415
山形市	13,684	高松市	2,334	神戸市	1,393	宇都宮市	1,364
京都市	13,387	山口市	2,285	奈良市	1,260	静岡市	1,220
山口市	12,043	金沢市	2,141	堺市	1,224	千葉市	1,140
名古屋市	11,874	高知市	2,123	金沢市	1,217	相模原市	1,114
福井市	11,784	名古屋市	2,046	高松市	1,195	東京都区部	1,113
仙台市	11,692	前橋市	1,904	さいたま市	1,127	高知市	1,107
津市	11,589	熊本市	1,877	東京都区部	1,053	川崎市	1,064
熊本市	11,475	福島市	1,828	水戸市	1,021	さいたま市	1,041
全国	9,295	全国	1,363	全国	919	全国	759

出所）総務省統計局「家計調査」の2014~2016年平均（二人以上の世帯）品目別都道府県庁所在市および政令指定都市のランキング発表情報より作成（他の和生菓子：まんじゅうやようかん以外の、どら焼きやおはぎ、桜餅など）

添えるという習慣が浸透している。そのため菓子の消費が倍量になるのである。金沢ではこうした習慣のために、和洋を問わず菓子の消費額が高くなっている。

　金沢の菓子では、日本三大銘菓の一つといわれている「長生殿」[5]の存在が著名であるが、他にも特徴的な和菓子が多く存在している[6]。たとえば、婚礼菓子の「五色生菓子（日月山海里）」、正月「福梅（寒雪梅）」、1月7日の人日の節句に「昆布餅」、3月3日の上巳の節句に「菱餅・あられおかき・打ちもの」、7月1日の氷室開き「氷室まんじゅう」などである。

　たとえば婚礼菓子の「五色生菓子（日月山海里）」は、石川県菓子協同組合によると、加賀藩二代藩主前田利長公が後に三代藩主となる利常公の嫁として徳川秀忠の息女を迎えたとき、藩の御用菓子屋に命じてつくらせたものと伝えられている。五種一組になっており、広く祝儀用として使われている。日月山海里を表しており、太陽や日の出を表す円形の餅に紅色が施され、白い饅頭は月を示し、黄色く米粒をつけた「いがら餅」は山を、菱形の餅は海面の波を表しており、蒸し羊羹は村里を表現しているという[7]。この餅菓子があることで、結婚式に出席した家族の帰りを子供が楽しみに待っていたという。

また「氷室まんじゅう」は、加賀藩主前田家が江戸幕府に氷を献上した行事に由来している。旧暦6月1日に、加賀藩は「氷室」と呼ばれる小屋に貯蔵していた天然の雪氷を幕府に献上していた。その日は「氷室開き」と呼ばれており、江戸まで届けられる氷の無事を祈り神社に天然氷を使ってつくった饅頭を供えた[*8]。現在は無病息災を願う習わしとなって今日まで受け継がれている。この日は職場においても「氷室まんじゅう」が配られるなど、地域住民には定着した行事となっている。

　こうした金沢独自の行事の菓子は、市内各地の和菓子事業所が誂えている。地域住民は、行事の大小や格式、そして味によってそれぞれ贔屓の店を使い分けて和菓子を購入しているという。一方、金沢市は観光地としても人気のため、土産品としての菓子も発展している状況にある。

2-2 佐賀県小城市「小城羊羹」の事例

　現在消費の衰退が危惧されている「ようかん」についても、佐賀県佐賀市では全国平均の消費額の2倍の消費がみられる。2016（平成28）年では、1世帯あたり1,800円の消費額となっていた。これは、佐賀市が小城羊羹で名高い小城市に近接しているという理由が推測される。

　現在、佐賀県小城市近辺でつくられている羊羹は「小城羊羹」「切り羊羹」と呼ばれ、これらは羊羹が「アルミケース」に切り換わる前の、ひと棹ひと棹切り分ける伝統的な製法によってつくられている。小城市を中心とする佐賀県には、こうした羊羹を製造する菓子屋が25軒ほど集積し、組合も結成されている。「小城羊羹」は、この組合によって地域団体商標登録されている（商標登録 第5065356号）[*9]。また食品の地域ブランドである「本場の本物」制度でも村岡総本舗による「煉羊羹」が伝統的な製法を墨守した「小城羊羹」として認定されている。このブランド表示基準は以下のように説明している。すなわち1784（天明4）年、豊前（大分県）の田中信平（通称・田信）が長崎で見聞して書いた料理書『卓子式』（別名たくししき）では、寒天を使用した「豆砂糕」の製法が記されており、その「豆砂糕」とは、小豆や砂糖とともに寒天を火で煉り、固める方法 がとられており、現在の小城羊羹（切り羊羹）の製法とほぼ同じであったという。また、寒天を入れるのは、固形化することと併せて、日持ちを良くするため

でもあったとされている*10。

　「小城羊羹」は、アルミ袋に充填する方法でつくられる羊羹よりも、柔らかい段階で煉り上げ、羊羹舟（流し箱）に流して、一昼夜寝かすことで固められる、といった点に特徴がある。寝かした後にひと棹ずつ切り分けられ、竹の皮と経木で包まれる。この工程を経ることによって、外側は徐々に砂糖のシャリ感が出て、中は柔らかい舌触わりのものとなる。さらに時間が経つと表面が白く砂糖の結晶で覆われ、独特のシャリシャリ感が表面に生まれる（写真1-3）。

　原材料は、以前は豆類を小城市近隣の佐賀市北部、熊本県阿蘇地方の小豆やいんげん豆等も使用していたが、現在は使用量の増加、気候変動などにより、主に北海道産小豆、北海道産大手亡豆を使用している。寒天類は、角寒天は長野県茅野産、糸寒天は兵庫県丹波産等が用いられている。地元と繋がりを示すものとして、原材料だけでなく、羊羹の流し箱は福岡県の家具の町大川から、また経木は林業で名高い日田から調達している。ただしこのような原材料を仕入れ、自社で製餡し煉り上げた羊羹を木箱に流し込むといった伝統的な製法を順守しているのは、現在は村岡総本舗1社になっている。

　伝統的な製法の羊羹が今日までこの地で継承されてきたのは、小規模事業所が主体であり規模の拡大が行われなかったことや、切り羊羹の切りたてのシズル感やシャリシャリとした独自の触感や風合いが在住者に好まれたからと言われている。

なお羊羹の需要は軍需とも結び付いていたことも指摘される。すなわち1930（昭和5）年にニューヨークでアルミ箔での食品包装が実用化され、このアルミ箔が羊羹の個包装に採用されるや、携帯保存食として軍隊に重用され、日本帝国陸軍の一大拠点であった久留米や海軍鎮守府の佐世保に近かったこともあり小城市での羊羹製造が発展した（村岡：2006）。現在の主要な消費者は、地元市民であり、進物や自家消費による。そのため組合を代表する企業は、小城羊羹を地域の伝統的な食文化と地域の産業として羊羹資料館の設立や、小学生の工場見学などの機会によって地域とのかかわりを深めている*11。

　なお羊羹そのものについて言えば、軍需とともに発展してきた経緯もあって「羊羹を見ると、せつない」と言う高齢者もいたが、現在は登山やハイキングのさいの携帯食などとしても利用されている。たとえば、2013（平成25）年に世界最高齢の80歳で3度目のエベレスト登頂に成功した三浦雄一郎氏は、登頂前の最後のキャンプ地で小型羊羹を用いて茶会をしている*12。羊羹は、チョコレートのようには溶けず、また寒冷地でも凍ることがない。時代とともに和菓子の用途も変化していることの一例を示すものであろう。

2-3 長崎県の「長崎カステラ」の事例

　「カステラ」は、地域の歴史や特色と和菓子の消費との繋がりを示す、もっとも顕著な例であろう。長崎県長崎市では、「カステラ」の平均消費額が6,605円であり、全国平均消費額919円の約7倍となっている。2016（平成28）年の調査では、長崎市は1世帯あたり7,173円もの消費額があった。

　長崎市内をはじめ、その周辺部においてはカステラが冠婚葬祭や各種の行事や節目に、地域の人々の贈答品（挨拶やお詫びの品）として多用されていたことが橋爪（2009）の研究で明らかにされている。カステラの価格は、箱入り定番のものとして1号1斤（600g目安）1,700～1,800円以上の価格であるため、おやつなどの自家消費の場合、カステラを製造する和菓子屋で販売される「カステラの切れ端」が購入されている。

　カステラは、長崎の出島から日本にもたらされたポルトガルの菓子であると伝わっている。江戸時代、長崎には天領として国内唯一の貿易港「出島」が設置されていた。出島から伝わったであろう菓子が『南蛮料理書』（著者や成立年は

不明)に記載されている。現在まで受け継がれている菓子としては、かすていら・かるめいら・くじら餅・卵素麺・金平糖・有平糖・ぼうろ・羊羹・饅頭などがある。そして、『長崎夜話草』の付録に「南蛮菓子色々」として「ハルテ、ケジャアト、カステラボウル、花ボウル、コンペイト、アルヘル、カルメル、ヲベリヤス、バアリス、ヒリョウス、ヲブタウス、タマゴソウメン、ビスカウト、パン、此の外猶有ベシ」と記されている（西川:1942）。

　長崎は日本で最初に卵を大量に使用した菓子が作られた都市とされている。そのなかでカステラは、長崎近辺において製造工程や窯などの道具に創意工夫が重ねられ、現在の「カステラ」がつくり出されたのである。

　この地で発展した「カステラ」は、長崎県菓子工業組合によって「長崎カステラ」として地域団体商標登録されている（商標登録第5003044号）*13。

　長崎県菓子工業組合では、カステラの色や形、スポンジの状態など様々な品質の基準が設けられており、この基準に合致したものを「長崎カステラ」として認定している。また「長崎カステラ」は、チョコレートや抹茶の入っていないプレーンなカステラであること、ザラメが含まれていること、しっとりしていることが特徴である。こうした組合の活動によって優れた品質が維持され、「長崎カステラ」のブランドを保っているといえるだろう。近年は、製造工程に、電動のミキサー（泡だて器）の導入も進んでいるが、現在も職人の人力で「攪拌」を行っている事業所もあり、伝統の技を継承している。

　また3月の節句（ひな祭り）には、桃の砂糖菓子を乗せた桃型のカステラ「桃カステラ」（写真1-4）が、節句の菓子として販売されている。長崎市にある1830（天保元）年創業の菓子屋「岩永梅寿軒」の主人岩永徳二氏によると、長崎では、桃型の菓子は、長寿や災難除けとしての意味を持ち（中国からの由来）、「桃求肥」や「桃饅頭」が、長寿や夫婦の祝い、子供の成長を願うといった機会の贈答品として用いられている。また国の重要無形民俗文化財に指定されている諏訪神社の大祭「長崎くんち」にも、桃型の蒸し饅頭が多く供えられ、また関係者にも配られている、とのことである*14。

　また岩永氏によると、「桃カステラ」は、明治か大正時代に登場したと伝えられており、3月の節句の菓子として用いられてきた。しかし最近では、観光客や地元消費者のニーズによって年間を通じて製造されるようになり、土産品とし

写真1-4 桃カステラ（岩永梅寿軒）

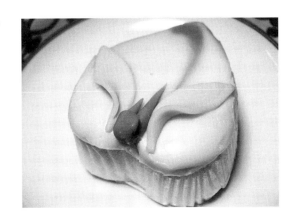

て購入されることもあるという[*15]。

　このように長崎は、出島の存在、そしてそこから流入した砂糖の存在によっ
て、「和・華・蘭」と呼ばれる、日本、中国、ポルトガル・オランダの食文化がミッ
クスして発展した菓子の特徴がある。こうした菓子の歴史を学ぶ、観光ツアー
「長崎さるく」（長崎国際観光コンベンション協会）も行われ、人気となっている。

　佐賀や長崎だけでなく、九州地方には南蛮貿易によって各都市に伝わった
菓子として、菓子類33種、料理11種類、その他2種の計45種ほどが存在し
ている[*16]。これら南蛮菓子に加え、九州地方ではそれぞれの都市で独自の菓
子が発展している[*17]。砂糖と卵が大量に使用された菓子は、当時の日本の食
文化のなかでは画期的なことであった。

　こうした背景の下、九州地方の和菓子の歴史的な背景と特徴によって2008
（平成20）年に各都市に継承されて来た伝統的な菓子や南蛮菓子をつなぐ
「シュガーロード連絡協議会」が立ち上がった。これは出島のある長崎市から
北九州市までの長崎街道沿道の3県8都市で構成されている。個々の都市が
単体として活動するだけではなく、都市間でネットワークを構築し、相互に歴史
を学び合うとともに、戦略的に協調・連携し、観光資源として開発する取り組
みである。この事業は歴史的文化遺産である「シュガーロード」をきっかけに、
各都市の歴史と文化の新しい発掘と、菓子産業の再活性化、さらにこれらの都
市を連携した観光発展につなげ、和菓子の事業所だけでなく、都市経済の活
性化にもつなげる、とのねらいがある[*18]。

2-4 岐阜県大垣市の「柿羊羹」の事例

　九州のように歴史的な地の利によって発展した地域の和菓子が存在する一方で、地場の農産品と結び付いた菓子も存在している。特徴的なものとして岐阜県大垣市の「柿羊羹」がある。江戸時代、岐阜県の加茂郡で、幕府に献上する優れた干し柿「堂上蜂屋柿」がつくられていた。この干し柿に着目し、1838（天保9）年に羊羹にしたのが地元の菓子屋「御菓子つちや」である。明治時代になって、本物の竹を羊羹の容器にしたことで風味がよくなっただけでなく見た目の風情も生まれた。現在もこの菓子屋は地元の約200軒の契約農家から柿を仕入れるほか、自家農園でも約1,000本を育てている。この自家農園は、先々代の社長が原料たる柿を理解するために土づくりから始めたものである。また羊羹の原材料となる柿を干し柿にする作業は、農閑期に差し掛かる秋から冬の時期であり、地域の農家の仕事のサイクルにも適していた（写真1-5、1-6）。さらに冬の濃尾平野には、「伊吹おろし」と呼ばれる乾燥した冷たい風が吹いており、干し柿づくりにも最適な環境が整っている。現在9代目の社長である

写真1-5　つちやの贈答用の干し柿「堂上蜂屋柿」
（柿の表面に均質に白い粉が出来るよう一つづつ刷毛をかける）

写真1-6（左）　つちやの羊羹用の干し柿（つちや工場内）
写真1-7（右）　竹を容器にした柿羊羹（つちや製）

槌谷祐哉氏は、これからも菓子屋ではあるが「半農半菓子」で行きたいと、地域や農業との繋がりを重視している（大竹・森崎：2015）。

　なお江戸時代の尾張藩の「時献上」である蜂屋柿の実態については大友の研究（1989）に詳しい。さらに現在は岐阜県美濃加茂市で、「堂上蜂屋柿」を中心に、干し柿の生産が振興されている。

2-5　岐阜県中津川市「栗きんとん」の事例

　「柿」だけでなく「栗」を活かした和菓子が発展した地域もある。岐阜県の中津川市は、江戸時代、江戸と京都を結ぶ中山道の「中津川宿」、美濃国と信濃国の国境にある「落合宿」「馬籠宿」の三つの宿場町があり、特に中津川宿は商業が栄えていた。この中津川市は、現在「栗きんとん」発祥の地として、中部圏を中心に栗の季節には観光客が多数訪れる。

　「栗きんとん」という菓子は、一般の家庭料理から始まったもので、近所の山で「山栗」を拾い、その栗の中身を取り出し、その後に残った栗の粉を集めて握ったものがその起源とされている。明治半ばには、すでに中津川の名物となっていた。市内には、「栗きんとん」を販売する和菓子業者が20〜30軒集積しており、観光物産館に卸している和菓子事業所14店舗の「栗きんとん」を、各店1点ずつ持ち寄って詰め合わせた商品「栗きんとんめぐり」[19]（写真1-8）が、各店舗の味比べができるとして、2006（平成18）年に爆発的にヒットした。「栗きんとん」の知名度が向上し、以降、店・業者の垣根を超えて地域の銘菓

を育てようとする機運が高まったのである。この「栗きんとんめぐり」というセット商品は、メディア（新聞社、テレビ局、ラジオ局、雑誌）でも年間40件は取り上げられている。

栗きんとんは例年8月中旬ごろから発売が解禁され、年内いっぱいまでをシーズンとしている。また一般的には9月9日は菊の節句であるが、地域によっては栗節句と呼ばれ、栗ご飯を食べる習慣があった。中津川市では、中津川菓子組合が神事を行い、一般市民に栗きんとんがふるまわれる。

中津川市にある1864（元治元）年創業の菓子屋「川上屋」主人の原善一郎氏[20]によると、市内は、栗のシーズンになると活気にあふれ、年間約25万人の観光客が集中的に訪れるという。そのため和菓子事業所を実際に訪ねてもらう目的で作成した「栗きんとんmap」を配布している。また市内の食事処などと連携し、地元の特産品である鶏肉やトマトを使ったメニューを考案し、「おいしいお昼ごはんmap」も作成した。こうして地域全体に「栗きんとん」の波及効果をもたらしたいと地域活性化の取り組みを広げている。

なお現在の栗きんとんの材料となる栗は、栗きんとんづくりに適した品質の高いもの、特に九州産を使用することが多いが、若手経営者の和菓子事業所を中心に地元の栗の使用や栽培にも力を入れ始めている。また現在の観光栗農園だけでなく、行政側も、栗農園の開設準備を行うなど特産品の栗の和菓子を通じた取り組みが活発になっている[21]。

また毎年秋に開催される「中津川ふるさとじまん祭・菓子まつり」（一般社団法人中津川観光協会と中津川菓子組合の共催、中津川市後援他）は、三日間の開催で市内外から毎年14万人前後の来場がある地域の一大イベントとなっている。この祭りでは、工芸菓子の展示があるほか、地域の和菓子業者が一堂に会し、通常より2割引ほどで菓子を販売するなど地域への利益還元行事となっている。県外からはバスツアーが組まれるほどの人気となっており、来場者は、この機会を利用し、親戚や知人に栗の菓子を発送することが恒例となっている。そのため、中津川市では、栗の菓子が地域の名物として周知されており、また栗菓子への消費額はかなり高くなっていると思われる。

この祭りの見どころの一つとなっている工芸菓子は、10年程前から京都で工芸菓子を学んだ岐阜の菓子職人に教えを請い、若手職人を中心に製作され

ている。このような技術は、一般の菓子づくりにも生かされるものとして取り組まれており、こうしたイベントにも雅やかな工芸菓子が、会場に花を添えている。2017（平成29）年は、三重県で開催された菓子博に展示されたものが会場で披露された。

　地元の観光名所で販売される銘菓や特産品を活かした和菓子やイベントは、他の地域でも多く見られるなか、「栗きんとん発祥の地」という由来を活かし、地域の和菓子屋が観光協会や行政と一体になって、材料から育てていこうとする取り組みはまだ萌芽的段階にあるとはいえ、今後、郷土菓子を中心として地域農業と観光を結ぶ先駆的な事例と思われる。

　このように、各地方都市で発展し銘菓として地域に根付いた和菓子は、多くの和菓子事業所が集積してこれを製造販売しており、和菓子文化を形成している[22]。前述の「柿羊羹」や「栗きんとん」のように、地域の農産品を活用し、地域の伝統的銘菓として維持するだけでなく、地域農業と結び付きを強めることで、観光資源としても広く地域経済に貢献しようとする活動が見られるのである。

　このような事例からも、和菓子は、地域空間を構成する固有の地形、気候による植物相にも深くかかわり、農耕や信仰、儀礼などの習慣、さらには、他国との貿易による材料や技術へのアクセス、茶道などの需要機会の有無といった地域の社会生活とも深く関係しているために、地域に固有な食文化として意義あるものといえる。

写真1-8（上）栗きんとんめぐり
観光物産館にて。写真は2016年のパッケージ
写真1-9（下）中津川ふるさとじまん祭・菓子まつり
（工芸菓子の展示）

3. 民俗学から見た菓子と生活

　人間の誕生から死に至るまでには、様々な儀礼や習わしがあり、ここに和菓子の需要が大きくかかわっている。また和菓子が、茶道とは異なる側面で、文化的な食品であることを特徴づけている一つの要素となっている。なぜこうした機会に和菓子が用いられているのか、といった点について、ここでは、民俗学の先行研究を引用し、現在の和菓子業界において大きな需要機会となっている人生の通過儀礼と和菓子の関係を確認しておきたい。

　民俗学の第一人者といわれる柳田國男（1990：617- 636）は、餅が神観念と密接にかかわるものであることを示し、さらに小豆もまた日本人にとって特別な穀物であったことを指摘した。日本の餅についての研究は、柳田を筆頭に様々な学者が、餅が日本文化に大きな影響を与えてきたとしている。まず柳田の理論を中心に和菓子の前身ともいえる「餅」の需要機会を取り上げ、これらが用いられた行事についても確認しておこう。

　民俗学では、行事は村社会と呼ばれるような域内の共同運営に関する行事、農業など生産活動の区切りごとに行われる行事、通過儀礼としての行事、暦日に従って毎年繰り返される年中行事、氏神・家の神をはじめとする神事に基づく行事などに大別される。

　これらの行事は日常の生活を「ケ」とするならば「ハレ」の日であり、「ハレ」の日は衣食住すべてにおいてが特別な日であった。この「ハレ」の日の行事は大半が神祭りにその本義があり、神祭りは神を迎え、神と人との共食、その後の神送りの三段に分かれていることが基本で、今日では神祭りの後の食事とされる直会も本来は神と人との共食を意味し、祭りの中心に位置するものであった。

　これらの行事の日には特別な食事が準備され、主として餅・団子・赤飯などが特別につくられた。とりわけ餅は種類・名称も多く『分類食物習俗語彙』（柳田：1974）にはおよそ350種にも及ぶ餅関連の語彙が紹介されている。古来、米粒にはイネの霊魂が宿っていると信じられており、その米粒を凝縮した餅は、コメの持つ神聖な力が特にこもった食べ物とみなされてきたからである。そのためイネの霊力をいただく意味においても、餅が祭礼や行事に欠かせないもの

であった。

　柳田國男の餅の視点は、①餅に宿るもの ②餅の形 ③餅の所有 ④餅の場 ⑤餅の来歴 ⑥餅の可能性 ⑦餅の色、の七つである。

①餅は単なる食物ではなく、日本人の神観念と密接にかかわるものと柳田は考えていた。正月の鏡餅や丸餅に顕著で、もともとお年玉は金銭ではなく、餅であり、数多くの小餅を作り、家族一人ひとりに配布することが年神様からの授かりものとして、霊魂に通じ、年頭にあっての生命の更新とされていた。

②本来、正月の鏡餅や粽（ちまき）の形は人の心臓の形を模したものであり、人間の霊魂を象徴するものである。霊魂の補充としてそれらのものを食べる意味合いがある。

③食事はすべて家族との共有のものであったが、餅だけは唯一個々人に配られるものである。

④年中行事においては、神仏に供えたものをおろして、人がいただく。そうして、神人共食により神から新たな力を付与されるとする。また、誕生・葬送といった通過儀礼の場、「あの世」と「この世」の移行の場においても、力餅や枕団子・四十九餅に代表されるように、餅の果たす役割が大きい。

⑤餅は本来は、神に供えるために作られた。餅は米粉を水で練って作る「シトギ」から変化したものであり、シトギは生のまま神へ供えられるので、本来は人が食べるものではなかった。それが後になって、蒸したり茹でたりするようになって、人の食物にもなっていった。「糯米」を搗いて餅になるのはこれよりもっと後の時代になってからである。

⑥餅は自由な造形が可能であり、この造形に日本人の意思が反映されている。

⑦餅の白色は、工業技術以前においては人為で作りだすことが難しい色であり、そのため神をも寄り付かせる清浄性があった。

　こうした柳田の研究に対して、安室（1999）は、餅という存在が信仰面にかたよりすぎであり、日本人の日常生活においては餅は神との繋がり以上に人と人とを結び付けるものとして機能してきたと述べている。食物の贈答という行為は、これまでの一般的な解釈では共食から派生したものとされる。共食とは本来、神と人、および人と人とが同じ火で調理したものを一緒に食べることで

一体感およびそれによる新たな力を得ようとする行為であると考えられている。つまり井之口（1975）が述べたように、社会が複雑になるに従って交際の範囲も広がり、多くの人がわざわざ一箇所に集まって共食することが難しくなる。この場合、共食の観念の名残として、一つの火で煮炊きしたものをみんなに配って歩くという簡略形が起こり、それが食物贈答の一つの重要な要素になったとされるのである。

　また安室は、幕末の農民の暮らしを記した日記『浜浅葉日記』の分析によって、餅の役割を ①家で用いるもの ②他家に与えるもの ③他家から与えられるもの、の三つのパターンに分けることができるとし、①は家で祀る神仏のお供え（お下がりは食べたかもしれない）、②他家への贈答とともに訪問者へのもてなし、③餅が他家から贈られていたもの、と大別している（安室：1999）。そして、この頻度については、② と ③ の頻度が ①よりはるかに高いという。つまり餅の贈答により、家の経済状態や家族の動静[23]といった状況が確認でき、それぞれの家の情報を地域で共有化する役目があったとされる。

　さらに、近代の状況について、葬式の贈答品を分析した板橋（1995）や石森（1984）による研究を紹介したい。板橋（1995：2009：2015）は、「不祝儀帳」の分析から近世後期に不祝儀の贈答が、米から貨幣へと、つまり「米→商品作物→金」と変遷したことを示している。また群馬県伊勢崎市の旧家の香典帳の事例によって、近世期では、葬式に赤飯を用いていたが、幕末に饅頭が出現し、明治初年には赤飯使用の習慣が消滅していく様子を明らかにした。また隣接する農村部においては、大正初年までは赤飯が用いられ、これもその後は、饅頭になったという。

　一方、石森（1984）は、長野県下伊那郡上郷町に残された「葬式見舞受帳」を分析し、家庭内でつくった赤飯・混ぜ飯・おはぎ・うどん・饅頭などを見舞いに用いていたものが、貨幣、あるいは菓子に移行したことを明らかにした。「葬式見舞品」では、1846（弘化3）年では赤飯などが40％で、その後1961（昭和36）年に貨幣が100％となった。ところが、死後2週間目に行われる「日長見舞・淋見舞」では貨幣が用いられず、飯類であったものが昭和期になって菓子類に移行し100％菓子となったとした。また「病気見舞品」では1851（嘉永4）年では寿司や魚などの食品であったものが、明治期から菓子に移行し、その後

100％となったと分析している。また貨幣ではない見舞品の主流は、自家製の饅頭や食品であったものが、昭和期から市販の菓子類になったことも分析している。

　前述の柳田や安室が示したように、餅が使われていた行事に、近代には白い饅頭が用いられ始める。この饅頭の中に入っている餡の材料は、「小豆（あずき）」である。板橋（2009）は、不祝儀に赤飯が用いられるのは、米と小豆（赤色）が重要だったとの見方や、天寿をまっとうしたことに対するお祝いの意味があったという様々な見解を提示している。しかし、次第に赤飯が慶事に用いられることが一般化されると、不祝儀に赤飯が用いられることが不謹慎とされ、葬式に赤飯という風習が次第に衰退したとの見解を示している。これが黒豆のおこわになった、とされる時期については未確認段階であるという。また饅頭の餡は小豆であるが、色は黒っぽくなるため赤飯とは異なり使用が定着したとも考えられるのである。いずれにしても、こうして、不祝儀に、餅や小豆、赤飯の代わりに饅頭が選好されるようになったことが、現在の和菓子屋の大きな需要機会になっている。

　次に「小豆」についても、確認しておこう。「小豆」は、魔を祓う「陽力」がある食べ物として崇められてきた。小豆という表記は「大豆」との対比で生まれたものと考えられ、和菓子関係者、専門家の間では「ショウズ」と呼ばれる。

　小豆は東アジアの原産で、中国から朝鮮半島を経て渡来したと考えられ、すでに弥生時代の遺跡である登呂遺跡から小豆が出土している。『古事記』のいざなぎ、いざなみによる「国生み」の神話では、四国、九州、本州などに続いて「小豆島」を生み、また、食物の始まりの神話では、ある女神の体から稲、粟、麦、大豆とともに小豆が生まれたとある。

　平安時代すでに1月15日など神を祀る日に小豆粥を用いていた。赤飯は比較的新しいものであるが、元来はお供え用に特別に栽培された赤米の飯が神前に供えられていたのが、赤米の生産の減少によって小豆を加え赤い色をつけた赤飯が代用されるようになったといわれている（柳田：1990）。

　貴重であった砂糖がある程度日本社会に浸透し、柳田のいう「白」くて「丸く」できるものという形状、霊力のある「小豆」、これらの要素が複雑にからみあい、融合し、餅の代用として、また貴重な贈り物として、白い饅頭が代用され

はじめたのではないかと考えられる。和菓子は、こうした神事や祭りに使われる餅や小豆と同様の位置づけを与えられることで、時代を経て国内の砂糖の供給が安定し始めると、貴族や支配層のみならず庶民にも年中行事や冠婚葬祭に菓子が用いられ始めた、と捉えることができる。

　現在は、総務省「家計調査」によると、「小豆」は、1963（昭和38）年度では、1世帯1,270ｇ消費されていた。しかし、1996（平成8）年の調査では270ｇ、消費額は388円であった。1963（昭和38）年度の世帯構成員数を約4人、現在を約3人と単純計算しても、小豆の一人当たりの家庭での消費量は3分の1程度となっている。そして「もち米」は、1963（昭和38）年度では1,276円、年間10.72キログラムの消費があったものが、1989（平成元）年では1,208円2.16キログラムと、5分の1の消費量となっている。

　一方、1963（昭和38）年度の「まんじゅう」の消費額は550円、1996（平成8）年1,702円であるが、バブル景気に沸いた1992（平成4）年の時点では4,083円を記録している。こうした数字の動きから、現在は家庭での行事で、小豆やもち米を使った料理、たとえば赤飯や餅などが衰退しているのではないかと推察されるのである。しかし、図1-1〜2（図1-1は％、図1-2はグラムによる違い）のように、赤飯や餅といったものが食べられなくなったのではなく、これらを店で購入するようになったのではないかという状況が読み取れる。

　また現在、日本の冠婚葬祭において、赤い色が慶事、黒い色が弔事と認識されることが定着している。そのため弔事には赤飯が用いられなくなったのであるが、いずれにも饅頭が用いられるとしても、その色によって慶弔が区別されている。

　しかしそこにも地域差が見られる。たとえば京都では、「白」と「うす紅」の色の上用饅頭の組み合わせによって「慶事」をあらわし、「白」と「黄」色の組み合わせでは、「弔事」や「不祝儀」を表し、「葬式饅頭」とも呼ばれている。関東では、葬式饅頭は「白」と「うす緑」との組み合わせで青白饅頭と呼ばれている。他にも、慶事を表す和菓子として、動物であれば、鶴や亀、植物であれば、桜や梅、松、竹などの文様が用いられ、一方弔事の和菓子であれば、蓮の文様や型、まれに「蝶」が使われることが慣行になっている。

　また中部地方、名古屋近辺の地域では「弔事」「不祝儀」には白一色の小ぶ

図1-1 家庭で消費される「もち米」「小豆」「まんじゅう」の割合の推移

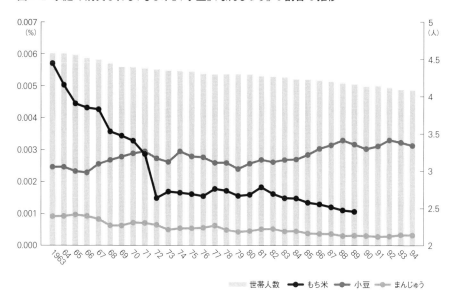

出所）総務省統計局「家計調査」1世帯当たり年間の品目別支出金額および購入数量、二人以上の非農林漁家世帯、全国（1963～2007年）20-3-aより作成

図1-2 家庭で消費される「もち」「もち米」「小豆」の消費量（g）の変化

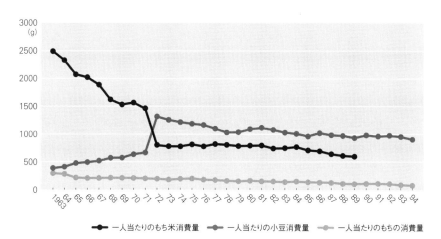

出所）総務省統計局「家計調査」1世帯当たり年間の品目別支出金額および購入数量、二人以上の非農林漁家世帯、全国（1963～2007年）20-3-aより作成

りな饅頭を用い、10個〜20個、それ以上の個数を携えて弔問に訪れるのが習わしのようになっていた。このような地域社会の習慣によって、現在の和菓子は冠婚葬祭などの人生儀礼や行事など、民俗学的な決まりごとによってもその需要が継続していたのである。

　また「歳時記」も、四季と行事に関連する餅や菓子を多く伝えている。正月だけでも、蓬莱飾餅（鏡餅）、五節句・人日（餅の飾り）、菱葩餅（ひしはなびらもち）、具足餅・武家餅・すわり餅、町切餅（十日汁とあんころ餅）、勅題菓子（ちょくだいかし）（宮中歌会始めのお題をモチーフとしたもの）、干支の菓子、など関連する祭礼行事、町内で餅や菓子を使う行事が伝えられている（藤本：1968：191-219）。しかし現在は絶えているものもある。

　現在も各種統計からは、年中行事と節句に和菓子の消費額がもっとも高くなっていることが読み取れる。家計調査通信の報告によると「月別で和菓子の支出を見ると春のお彼岸や桃の節句がある3月がもっとも高く、次いで端午の節句がある5月となっているというように節目節目に和菓子の支出額が高くなっている傾向がある。」[*24]という。たとえば1月は正月、年始、成人の日、2月は節分、3月は雛節句、春の彼岸、卒業、4月は入学、入社、転勤等、5月は端午節句、7月は中元、盆、8月は旧盆、帰省、9月は十五夜、秋彼岸、10月は十三夜、11月は七五三、12月は歳暮、年末、といった行事に和菓子の消費が見られる。

　一方で、和菓子は季節の到来を告げる役目もあると言われている。たとえば、正月には「勅題菓子」や「花びら餅」、2月頃には「椿餅」、桃の節句が近づくと「鶯餅」や「草餅」「菱餅」、さらに春の兆しとして「桜餅」「わらび餅」、端午の節句には「粽」「柏餅」「菖蒲団子」、梅雨の時期には「氷餅」「水無月」「嘉祥の菓子（かじょう）」「土用の餅」、七夕には「索餅（さくべい）」、9月の重陽には「栗子餅」などである（藤本1968：191-219）。

　また京都では、旧暦の6月に夏越祓（なごしのはらえ）として「水無月」、七五三には「千歳飴」、祇園祭は、山鉾にちなんだ餅や饅頭が消費されている。こうした和菓子が店先に並ぶと多くの日本人は、季節の変化や季節の訪れを感じるように、和菓子は日本の季節感との結び付きが強いといった特徴がある。

　なお江戸時代に行われていた、6月16日の「嘉祥の儀」は、和菓子の行事

と言われている。そのため全国和菓子協会が6月16日を「和菓子の日」と制定している。その起源は諸説あるが、848（承和15）年に悪疫を祓うため、加茂神社で禊を行い、年号を嘉祥とあらためたことによる宮廷の行事が和菓子の起源にあるとされている。民間では十六文または米一升六合（約3リットル）の菓子を買って食べ、悪疫を祓った。その後、嘉祥（嘉定）菓子を食べることは、室町時代の宋の通貨「嘉定通宝」の略称「嘉通」が「勝つ」に通ずることが武家に広まり、江戸時代に最盛期を迎え、将軍から大名、その臣下まで菓子が下賜される盛大な行事であった[*25]。

　また季節や暦にかかわらず、冠婚葬祭以外の人生の通過儀礼も和菓子の重要な需要機会である。すでに社会的習慣となっているものでは、「出生の祝」、「初節句」「誕生祝」「結婚祝」「新築祝」「開店祝」「快気祝」「賀の祝（還暦・古希・喜寿・米寿・白寿祝）」などが和菓子の需要機会になっている（早川：2004）。また明治維新後の昭和初期には、和菓子のなかでも「羊羹」がもっとも格式が高いとされる[*26]。また「羊羹」が文豪に愛され、その代表作にも度々登場するなどし、庶民憧れの高級菓子という存在にあった。そして、それ以降、日本の進物の代名詞ともなっていた[*27]。

　また上用饅頭も正月や結婚式の引菓子など、晴れがましいときの菓子として重視されていた。京都では丹波産のつくね芋が用いられている。芋をすりおろし、丁寧に粉を混ぜ合わせて餡を包む皮、生地がつくられている。この生地がつくれるようになると一人前といわれるほど難しい菓子である。蒸されたときに初めてその生地が良いものであったか確認できるからであり、未熟であれば饅頭の皮が膨らまない、もしくは破れるなどし、商品にできないためである。資料によると、京都では、1907（明治40）年ごろ、上用饅頭は1個4銭から5銭、米が一升7銭の時代であり、上菓子を注文する家は、一町内に一軒あるかないかの贅沢なものだったという（石原：1981）。

4. 暮らしの変化と和菓子

　以上のように民俗学からの視点によっても、和菓子の栄養や嗜好品といった

側面以外の社会的役割とその価値というものがあらためて認識されるであろう。また地域に伝わる菓子の事例は観光資源にもなるような特徴を有し、また地域活性のために積極的な動きがみられるのである。

あらためて民俗学による和菓子の社会的な価値についてまとめると、まず和菓子には、人生の節目を集団や共同体と共有するといった文化的かつ伝統的なアイデンティティーが継承されている。こうした点によって、現在も和菓子が嗜好品やグルメとしての「商品」ではない側面として認識されるであろう。しかし柳田國男（1990）が述べるように、本来は小豆を用いるときが定まっていたのであるが、現在ではなんら、めでたいことのない日にも小豆を好んで食べるので境目が目立たなくなっているのである。そして、現在は、小豆の役割や行事の意味が薄れてしまったのである。戦後の高度経済成長期には、多種多様な嗜好品が出現し、和菓子はこれと並列されることになった。そしてかろうじて、伝統による特異性を維持していた茶道での菓子も、現在では茶道人口の減少に直面している。また中元歳暮といった伝統的な需要機会も減少している。また「おはぎ」や餅、彼岸の団子といったかつては家庭料理の領域にあったような行事の和菓子も、現在は、和菓子事業所の職人や企業が工場でつくるものとなり、各家庭はそれを店で買うことが一般的なこととなっている。

また現在の日本人の「ハレの日」に、たとえば、クリスマスやバレンタインデーなどの西洋の行事が浸透し、こうした機会には、ケーキなどの洋菓子が選択されている。その後の和菓子は、商品化、グルメとしての側面が強く表れているといえるだろう。コンビニエンスストアで季節にかかわらず、比較的安価に購入できる和菓子が常時陳列され、一方で「おとりよせ」と呼ばれるインターネットを介しての通信販売による高級品志向の和菓子の需要も存在している。冠婚葬祭といった贈答の機会においても、また法事においても、和菓子を選択する意味が薄れて、個人の好みにゆだねられるようになっているといえるだろう。

このような和菓子と現代社会との関係を考えると、和菓子業界は停滞期を迎えたとされるが、統計上では産業規模として大きく（は）衰退している様子は見られないのである。つまり和菓子業界は、工業化することや現代の生活様式の需要に沿うように変容し、その価格も市場ベース、商業ベースに乗せるべく、コスト削減や機械化への努力が求められてきたことが読み取れる。したがって、

現在の和菓子の価値や意義を検討するとき、和菓子が、「茶道」の茶事や茶会で問われる品質評価、そして、通過儀礼に用いることの意味よりも、「市場」での評価が前面に出ることになるのである。

　しかし需要機会の減少や洋菓子との競合があってもなお、日本人が長い間、餅や和菓子によって家族や社会の関係を円滑なものとさせてきた暮らしの知恵、文化的価値という側面も今なお重要であると考える。

　また高度成長期に和菓子の世界でも、機械化、工業化が進展した。製餡機については既に多くの事業所が導入し、包餡機についても大中規模の事業所が導入を行っている。近年、繊細で柔らかい餡を、きわめて薄い皮で包むといった到底人の手ではできないようなことをやってのける機械も登場している今、あらためて和菓子の「真正性」「ホンモノらしさ」とは何であるのかが問われている。

　業界団体である全国和菓子協会もまた2007（平成19）年より「選・和菓子職」により、技術の向上、伝統的ノウハウの保護育成を図ってきたところである。和菓子の伝統的な真正性と並んで、その美的な価値についても、消費者が敏感に反応するようになっている。近年におけるインスタグラムなどのソーシャルメディアの登場とも相まって、ますますこうした新たな価値づけによる和菓子の変容（4章で取り上げる）を押し進めることになろう。

菓子パン文化を地域の食文化へと転換しようとする事例

　地域の歴史や伝統を源流としたものではないが、農業慣行とむすびついた間食の文化として、菓子パンが発展し、地域の食文化として観光事業と連携して地域活性化に活かそうとする北海道十勝地域の事例も取り上げておこう。

　北海道十勝地域は日本を代表する穀倉地帯として、原材料の供給地として位置づけられ、農産品の圏外への移輸出を中心とするフードシステムが構築されてきた（斎藤・金山：2013）。しかし近年、十勝地域の広大な畑の景観やその農業に根ざした地産地消の取り組み、そして、ここでの食習慣を魅力ある食文化として展開しようとする活発な動きがみられる。さらにこうした特徴を活かし、急増するインバウンドの誘客への取り組みもみられるのである。

　十勝地域は明治以降、農業で発展してきた。たとえば1965（昭和40）年には、農家人口が11万2,935人、農業従事者が5万8,559人、そして1980（昭和55）年では、農家戸数は1万1,705戸、耕地面積は約38h／戸（全国平均の約24倍）と日本一の規模を誇ってきた[28]。

　この地では、農業者が自らの間食だけでなく、古くから繁忙期に「出面さん」と呼ばれる季節的農業労働者をもてなす、間食に近い「おやつ」を出す習慣が根付いていた。餡を主体とした小ぶりの和菓子は好まれず、あんパンや揚げドーナツといった大きくボリュームのある菓子が農業者のニーズであった。こうした需要によって、十勝総合振興局所在地である帯広市を中心にパン屋や菓子屋が北海道内でも比較的多く集積している地域となった。

　帯広市を地盤としたリテールベーカリー満寿屋は、1950（昭和25）年創業であり、こうした農業従事者の支持を得て地域の需要に密着したベーカリーとして発展した。しかし当時、十勝で栽培されている小麦は99％以上が製麺用であり、パンの材料となる小麦は輸入のものであった。

　代表取締役社長の杉山雅則氏は、先々代が地域の小麦農家より自分たちが育て

写真コラム1-1（左）満寿屋代表杉山氏
写真コラム1-2（右）十勝産小麦「キタノカオリ」を用いたパン

た小麦粉を使ってくれているのか、という素朴な質問を受け、その後満寿屋の目標はパンを十勝産材料100％に転換することとなったと述べている。当時は、農業者は育てた作物がどのような商品に加工されているのかを知ることができず、また消費者側も原材料への関心が薄く、食の安全、地産地消といった認識がまだ持たれていない時代背景があった。その後、十勝農業試験場において小麦の品種改良が行われ、また雑穀卸大手の「山本忠信商店」が製粉工場を建設したことで、十勝産小麦が地元で加工できるようになった。さらに十勝産の酵母（「とかち野酵母」[*29]）が開発され、冷凍技術の進展[*30]もあって満寿屋は20年の歳月をかけて、2012（平成24）年10月より全店全種類のパンで十勝小麦100％の小麦粉を使用するという目標を達成することができた。十勝産小麦の使用を消費者に伝えるため、新店舗では麦畑の中に店舗とカフェを設け小麦を挽く水車小屋を備えるなどし、顧客に対しパンと景観との繋がりをイメージしてもらう工夫がなされている。

　また2016（平成28）年には、東京（都立大学駅近辺）に出店し、食の安全を意識し、穀倉地帯十勝のイメージに魅せられた消費者のニーズを捉え好調な売れ行きとなっている。

　なお国産小麦、十勝産小麦を使用することの困難さは価格ではなく、小麦の品質にあるという。価格は、外国産小麦の使用と比較すると国産小麦を使った場合、約2％のコスト高となる。しかし、それ以上に顧客には価値を感じてもらえると杉山氏は判断している。それよりも問題は、小麦は同じ品種でも、収穫年や時期や畑な

ど、様々な環境によってまったく異なる性質をもった粉になるため、安定した商品、同じ製品にするための試作に手間暇がかかる。そのためパン職人同士の勉強会や情報交換が欠かせないというのである。

ただし、こうした点は、パンを主食としてきたフランスなどのパン職人は当然のこととして行っているという。ところが、日本では、均質で高品質な小麦粉が政府によって輸入されるため、手間暇をかけることなく安定した製パンが行われているのである。

また満寿屋の小麦の品種は、Pascoブランドで有名な大手製パンメーカーの敷島製パンが大々的に導入している「ゆめちから」よりも収量が多い秋まき小麦である「きたほなみ」を多く使用しているとのことであった[31]。また十勝産の様々な小麦を種類別に製パンし、消費者に味比べを楽しんでもらうといった小麦の特徴を活かした商品開発の工夫も行われている。

これら満寿屋の活動は、小麦をはじめ地元の農業の維持発展や農業者のモチベーションに繋がっているといわれている。学校給食も地元の小麦でつくられたパンに転換されることとなり地産地消が進んでいる。十勝の畑の産品である小麦を謳うことで、十勝地域が穀倉地帯でもあり、加工食品のすべての材料を十勝地域で賄えるという情報の発信が行えるようになった。もちろん十勝産チーズを使用したチーズパンを初めとして、これまでのチーズや乳製品、餡などの十勝地域産品のPRにも貢献しているといえる。

写真コラム1-3（左）満寿屋東京本店前
十勝の食材をPRしている
写真コラム1-4（右）十勝産チーズを用いたパン

またこのような農作業の間食に菓子の需要が存在し、地域で豊富に生産される乳製品を原料として、この地域には菓子やパンの店舗が多く存在することになった。この特徴を活かそうと、(一社)帯広観光コンベンション協会では、これらを周遊する「菓子王国十勝!おびひろスイーツめぐり券」を発案し、2008（平成20）年からこのチケットが販売され、地域で菓子文化を盛り上げようする動きが始まった[32]。発売開始当初の参加店は11軒であったが、現在は、24店舗が参加している（2018〈平成30〉年3月31日までのもの）[33]。2008（平成20）年開始から現在までのチケット売上枚数は、9万9,466枚、売上総額は5,062万3,600円（2017〈平成29〉年9月30日現在）となり観光協会における地域PRとしては効果的な事業となっている。

　和菓子やパンのような嗜好品といった領域も地域の食文化、文化資源として観光振興へと転換されうるのである。こうした事例も今後菓子業界の発展に参考になるモデルといえよう。

　なお、全国的に有名な菓子屋である「六花亭」が十勝地域の帯広市に本拠地を置いている。六花亭を代表する銘菓「マルセイバターサンド」の年間の売上は70～80億円であり、赤福[34]と並び日本の土産品の菓子の横綱的存在感がある。この「マルセイバターサンド」の由来は、「十勝開拓の祖・依田勉三が率いる晩成社が十勝で最初につくったバター『マルセイバタ』に因み、パッケージもそのラベルを模したもの」となっている。そのため「マルセイバターサンド」は、十勝地域の歴史に由来し、地域に根ざした菓子であるのだが、北海道の観光ブームによって知名度を上げたため十勝・帯広の銘菓というよりは、「北海道」の土産品としての知名度が高くなっている。

　全国に名前が知られる土産品がある一方で、「六花亭」の各種の菓子は、地元の住民からも冠婚葬祭などの贈答に信頼される菓子として選ばれ、「ひとつ鍋」や「白樺羊羹」、どら焼きなど十勝産小豆を利用した和菓子も多く製造している[35]。これらの材料となる小豆は十勝産、道内産となっている。十勝産小豆の使用量普通小豆：70.6トン（2016〈平成28〉年4月～2017〈平成29〉年3月の1年間）、大粒小豆：29.7トン（上に同じ）、他に大納言小豆も7.8トンほど使用があるが、これは十勝

写真コラム1-5
十勝平野のパッチワーク状になった畑の景観。
食と農の景勝地・十勝評議会事務局（東洋印刷株式会社）提供

産以外（千歳産、道内産）が含まれている[36]。

　このような全国的に知名度の高い企業の存在や、十勝地域の農業の発展にともなう間食の文化の浸透、これらが地域の畑の景観と融合し、ここにストーリーが紡がれ、食品の地産地消としてだけでなく観光資源としても高付加価値化されているのである。こうした背景によって、十勝地域は2016（平成28）年に第一回目の「食と農の景勝地」（現「農泊 食文化海外発信地域〈Savor Japan〉」）制度に登録された。これは地域に特異な農産品や食品と、その景観との結合が生み出すシナジー効果によって、観光客を呼び込むことを目的として、フランスの「味の景勝地制度（SRG）」を参考として導入された制度である。十勝総合振興局管内の取り組みでは、広大な畑の景観と、フードバレーとかちの活動によって醸成されてきた魅力的な食品のうち、「チーズ」「ワイン」「スイーツ」「パン」「牛肉」の5品目を取り上げてインバウンドの誘客に活用している。こうして、十勝地域は農産物生産拠点だけの位置づけから脱却し、食を通じた観光振興が展開されつつある。

　なお満寿屋パンもその一つであるが、原料小麦100％ 十勝産（産地保証書の提出）および全原料の80％以上十勝産（糖類のみ北海道産含む）のパンを「十勝ブランド」として認定している取り組みがある。原材料規定の他、官能試験（食味試験）、立入検査も行っている。この認定を行う「十勝ブランド認証機構」は、「安心・安全・美味しい」を掲げ、十勝のブランドを維持し、地域農業および食品産業の振興を行っている。現在、認証されているのはパン（12工房35品）をはじめとして、お菓子（10工房23品）、乳製品（10工房25品）、チーズ（5工房35品）となっている。こうした制度によっても前述のような十勝の産品の真正性を担保しているといえよう[37]。

注：

＊1　「蘇」の献上については、佐藤健太郎（2012）「古代日本の牛乳・乳製品の利用と貢進体制について」『関西大学東西学術研究所紀要』に詳しい。

＊2　田道間守の伝説とは、垂仁天皇の御代、田道間守が常世国へ渡り、非時香菓（ときじくのかくのこのみ）（いつも芳香を漂わせる木の実の意、現在の橘といわれている）を天皇に持ち帰ったが、すでに天皇は崩御しており、田道間守は御陵の前で慟哭して亡くなったという伝説である。辻（2005）によると、この話は、小学校で教わっており、小学唱歌で歌ったものだった、という。ちなみに辻ミチ子氏は1929（昭和4）年のお生まれである。

＊3　郷土料理は、現在食育として重視されている状況がある。詳細は農林水産省HP参照。
http://www.maff.go.jp/j/syokuiku/kodomo_navi/cuisine/　2016（平成28）年11月16日最終確認。

＊4　城下町には銘菓が多く伝わっている。これには、茶人大名と呼ばれた藩主の存在が大きいといわれている。一例をあげると、島根県松江市では、松江藩七代藩主・松平治郷（号が不昧であるため「不昧公（ふまいこう）」と呼ばれて現在に伝わっている）は、「不昧好み（ふまいごのみ）」の優れた菓子を残している。他にも、各地で著名な菓子として松前藩：五勝手屋羊羹、三浦屋煉羊羹、弘前藩：大坂屋の冬夏、一関藩：田むらの梅、南部藩：豆銀糖、仙台藩：しおがま、秋田藩：秋田諸越、館林藩：麦落雁、新発田藩：水飴、松代藩：小布施町栗羊羹、大垣藩：金蝶園饅頭、長岡藩：大手饅頭、加賀藩：薄氷、長生殿、藤村羊羹、尾張藩：上り羊羹、津藩：呉服松風、松坂藩：老伴、赤穂藩：塩味饅頭、紀州藩：煉羊羹、本ノ字饅頭、土佐藩：芋けんぴ、松江藩：山川、黒田藩：鶏卵素麺、佐賀藩：丸芳露、細川藩：加勢以多、平戸藩：カスドース、岡藩：三笠野、薩摩藩：軽羹、木目羹などがある。
　　なお農産物などが菓子へ移行した例として、長野県飯田、耶馬渓、徳島県、飛騨地方「巻柿」、長野県飯田、石川県輪島市、岡山県高梁市、奈良県吉野地方「丸柚餅（ゆべし）」、鹿児島「文旦漬け」、長崎「ザボン漬け」、大分「甘露柚煉」、山口県萩市「萩能薫」、広島市・大垣市「柿羊羹」、岐阜県中津川市「栗きんとん」、長野県小布施町「栗落雁」「栗かのこ」「栗羊羹」、甲府市「月の雫」、埼玉県川越市「初雁城」、千葉県匝瑳市「初夢漬け」、宇都宮市「友志良賀」、水戸市・山形市「のし梅」、秋田県の「蕗の砂糖漬け」、新潟市「ありの実」、長岡市の「柿の種」などがある。前述の地域と和菓子の繋がりは、地域振興への重要なヒントを示してくれると思われる。入江織美、亀井千歩子、ひらのりょうこ（1990）『日本のお菓子』山と渓谷社、野村白鳳（1935）『郷土名物の由来菓子の巻』郷土名物研究会、などの文献も参照した。

＊5　加賀藩藩主前田利常の創意によってつくられ、茶道の遠州流の開祖である小堀遠州が筆によって「長正殿」と記されている落雁である。和三盆に落雁蜜、そして希少な紅花粉を材料としている。

＊6　日本放送協会・NHK出版編（2011）『直伝　和の極意：彩りの和菓子　春紀行』や石川県高等学校野外調査研究会（1994）『加賀・能登の伝統産業』p.208にも詳しい。

＊7　ヒアリング調査：石川県美福主人（当時の石川県菓子工業組合青年部部長）2011年8月20日　場所：美福、併せて石川県菓子工業組合HPを参照。
http://ishikawa.sweetsplaza.com/kisetsu.html　2017年9月18日最終確認

＊8　ヒアリング調査：石川県美福主人、2011年8月20日　場所：美福。

＊9　小城羊羹（おぎようかん）については、以下のHPも参照。
https://www.jpo.go.jp/torikumi/t_torikumi/tourokushoukai/bunrui/pdf/41-005-5065356.pdf
2016年11月16日最終確認。

＊10　なお大久保（2013）は、寒天を用いた料理の歴史から、寒天利用の羊羹が料理書に初めて登場したのが1784（天明4）年の『卓子式』とし、また『不昧公茶会記』には、1805（文化2）年に練羊羹、1802（享和2）年に水羊羹、1806（文化3）年には、練羊羹の記述があったとし、1800年代には、蒸し製の羊羹と、寒天利用の練羊羹が羊羹として定着したのではないかと述べている。虎屋文庫の中山圭子氏によると、このころ、すでに、蒸し羊羹より練羊羹が好まれはじめ世間に広まっていた史

料などがある。ただし、羊羹はすなわち練羊羹としては一般化はしていなかったようである。蒸し羊羹は、間食としての点心から独立して菓子になった日本独自の菓子「羊羹」の起源であり、小豆に葛や小麦粉を混ぜて蒸したものである。

* 11　ヒアリング調査：村岡総本舗　副社長　2012年10月25日　場所：村岡総本舗。
* 12　ヒアリング調査：三浦雄一郎氏　2016年07月26日　場所：岡山。携帯したのは虎屋の小型羊羹である。その後、虎屋は、登頂成功を記念して、「エベレスト羊羹」を発売した。
* 13　長崎カステラ（ながさきかすてら）については、以下のHPを参照。
　　　https://www.jpo.go.jp/torikumi/t_torikumi/tourokushoukai/bunrui/pdf/42-001-5003044.pdf
　　　2016年11月16日最終確認。
* 14　ヒアリング調査：岩永梅寿軒主人岩永徳二氏　2017年9月18日。
* 15　ヒアリング調査：岩永梅寿軒主人岩永徳二氏　2017年9月18日。
* 16　長崎県内の例でも、饅頭、桃饅頭、栗饅頭、おこし、牛蒡餅、桜餅、千代香、けいらん、ざぼん漬、月餅、口砂香、一口餅、よりより、金銭餅、カステラ、丸ボール、カスドース、かすまき、黒棒、カルメラ、麦芽飴、有平糖、ぬくめ細工、金花糖、求肥飴、飴がた、かんころ餅、チェリー豆、もしほ草、寒菊などが多数ある。
* 17　江後迪子（1997）「江戸時代の九州の菓子」『和菓子』第4号、虎屋文庫や、村岡安廣（2006）『肥前の菓子—シュガーロード長崎街道を行く』佐賀新聞社も参照。
* 18　ヒアリング調査：シュガーロード連絡協議会。2012年10月26日　場所：シュガーロード連絡協議会。HPは http://sugar-road.net/　2016年7月10日最終確認。
* 19　ヒアリング調査：一般社団法人中津川観光協会運営の中津川市観光センターにぎわい特産館中津川市観光センター鈴木とも子氏　2013年9月3日　場所：中津川市観光センター。
　　　栗きんとんめぐりのHPは、http://kurikinton.info/　2016年11月26日最終確認。
* 20　中津川市の川上屋は、江戸末期の1864（元治元）年から続く、老舗の菓子屋であり、社長の原氏は、地域の銘菓である「栗きんとん」を活かし、自らの事業や和菓子業界にとどまらず、地域をよりよくしようと積極的に活動する地元の経営者のリーダー的存在である。「栗きんとん」が売れる商品として有名になったことで、類似の同業者が急増するなか、目の前の利益を追いかけるのではなく、長期的な目で、地域全体で銘菓を育て、地域に経済効果をもたらそうとする懐の深さと見識の広さが同業者のみならず地域の尊敬と信頼をえて、こうした取り組みに繋がっている様子がうかがえるのである。なお隣接する市町村においても、地元産の栗を積極的に使用する企業は存在している。
* 21　ヒアリング調査：株式会社川上屋代表取締役原善一郎氏　2017年8月26日。この農園は、現在は、観光協会が運営し、2017年9月1日に新規オープンを迎えた。また中津川市には、宿泊施設が少ないため、「栗きんとん」を目当てに訪れる観光客を他の名所旧跡に誘客するだけでなく、宿場町である中津川市の馬籠から、長野県木曽郡にある妻籠まで散策してもらうなど近隣の市町村とも連携を深めている。
* 22　ただし、都であった京都であれば、歴史的な背景から高次の食文化として、全国の優れた材料によってつくられ、発展してきたという特徴があり、それぞれの菓子舗が、それぞれの銘菓を有し、これ以外にも多彩な和菓子をつくっている菓子屋が集積しているといった特徴がある。
* 23　人生の節目となるような出来事。たとえば、結婚や子供の誕生、病気や死亡などの出来事である。
* 24　総務省統計局〈家計ミニトピックス〉より抜粋。「家計調査通信388号（2006〈平成18〉年6月15日発行）」。
　　　http://www.stat.go.jp/data/kakei/tsushin/pdf/18_6.pdf　2016年7月7日最終確認。
* 25　1850（嘉永3）年版の「大名武鑑」に諸国の時献上品が記されており、菓子類、砂糖も多く含まれていた。
* 26　羊羹は、和菓子のなかでも、江戸時代中期以降に椊物上菓子と呼ばれるほど、優れた技術と風味を持った菓子とされた。
* 27　北原白秋、夏目漱石、森鷗外、室生犀星、芥川龍之介などが甘党の文人として知られている。虎屋

文庫編著（2017）『和菓子を愛した人たち』では、和菓子と歴史上の人物、武士や貴族そして文化人など100人の著名人のエピソードが紹介されている。

*28 参照資料：十勝総合振興局「2015十勝の農業」http://www.tokachi.pref.hokkaido.lg.jp/ss/num/2015tokachisiryou.pdf 2017年1月6日最終確認。

*29 参照資料：日本甜菜製糖株式会社HP http://www.nitten.co.jp/~ntn-tokachino/ 2017年9月28日最終確認。

*30 2013（平成25）年「ものづくり・商業・サービス革新事業に係る助成金」で、満寿屋は、「真空冷却機を活用した十勝産小麦100％パンの販路拡大事業」の助成を得られた。

*31 ヒアリング調査：株式会社満寿屋商店代表杉山雅則氏 2017年5月7日 場所：満寿屋東京本店。

*32 ヒアリング調査：一般社団法人帯広観光コンベンション協会 スイーツ巡りチケット担当者 2017年5月11日。このチケットがつくられるきっかけとなったのは、「協会の女性社員が旅行会社回りをしていたところ、旅行会社側では、十勝地域のお菓子屋として六花亭が認識されている程度であった。十勝地域には、お菓子屋が多く、他のお店ももっと知ってほしいという思い」であったという。

*33 2017年第19弾のチケットでは24店舗から菓子やパンが選択できる。

*34 「赤福」は、十勝産小豆を使用していることは業界内ではよく知られている。

*35 六花亭の創業者である小田豊四朗氏が1933（昭和8）年に帯広で、のれん分けの形で創業した六花亭（前の名称は帯広千秋庵）は、1951（昭和26）年に北海道十勝市庁舎主催の経済セミナーで、講師が語った「お菓子は文化のバロメーター」という言葉に触発され、「帯広の文化を織り込んだお菓子をつくり、文化の薫りあふれる食生活づくりに役立ちたい」と考え、その後、生活綴り方運動の隆盛の影響を受け、地元小学校の先生方と協力しつつ、1960（昭和35）年1月に、児童詩誌『サイロ』を発刊することとなり、その活動は現在まで続けられている。

*36 ヒアリング調査：六花亭製菓株式会社企画室 2017年4月17日。

*37 ヒアリング調査：公益財団法人とかち財団清水友紀子氏 2017（平成29）年4月17日 場所：公益財団法人とかち財団。1999（平成11）年に「十勝ブランド認証機構」（公益財団法人とかち財団）は、チーズの認証からはじまった。当時は、12〜13のチーズ工房であったが、現在は約40か所となり、十勝管内の市町村にそれぞれ二つのチーズ工房が存在していることになる。ブランド認証の開始当時は、フランスでは各市町村に一か所チーズ工房があると聞いて、これを目指そうという状況であった。十勝地域にチーズ工房ができるきっかけとなったことについては、現在、日本におけるナチュラルチーズの70％が十勝産となっているが、大手メーカーによってつくられるため十勝の特産品というイメージはなかった。酪農家は、集乳後、どんな製品になったのかわからない状況であったため、集乳されるだけではなく自ら商品化したいという意欲によって、厳しい許認可の手続きを経て、自分たちのチーズをつくる動きが生まれ、次第に地域にこの活動が広がっていくこととなったとのことである。こうした取り組みが、地元産小麦を使ったパンなど他の産品にも広がっているようである。

第2章

和菓子産業の現状

本章では、和菓子業界の産業規模について、また和菓子の消費状況について、各種統計および家計調査によって確認しておこう。

　現代の和菓子産業において、和菓子づくりが職人の手仕事から機械化へ移行したことが大きな変化であった。美術評論家の富永次郎は、1956（昭和31）年の秋に全国の菓子事業所を探訪し、「製菓の機械工業化が、ビスケットやキャラメルなどの製造は別として、饅頭、羊羹、外郎、おこし、餅類などにまで及んだのは、これも昭和27、8年ごろからである。」（1960：249）と述べている。また和菓子の材料については、倉庫に案内され「砂糖は最上級のグラニュ糖、小豆は北海道産、小麦は輸入粉、とよく聞かされた」（1960：249）と記していることからも、和菓子の材料については各種統計により確認できるよりも早い時期から、原料生産地と菓子製造場所との乖離が始まっており国産材料の産地も安定的に大量に仕入れが可能なものが求められ、北海道へと原料産地の集約化が進行していた。

　高度経済成長期には、江戸時代から続く御菓子司と呼ばれた老舗の菓子屋も、企業化し、機械を取り入れて拡大生産している事業所も見られる。機械生産による和菓子の産出量だけでなく、戦後の、教養、習い事としての茶道の流行によって、職人の手仕事による菓子づくりも活況を呈した。茶席の菓子が民衆階級にも広がるなどもっとも華やいだ時代であったといえるだろう。

　こうして和菓子の生産額と生産量が1990（平成2）年ごろにはピークに達した。しかしその後、和菓子業界は停滞期を迎えている（図2-1）（図2-2）。この背景として、冠婚葬祭など家庭や法人などからの需要機会の喪失、茶道人口の減少、そして洋菓子やその他多様な嗜好品との競合、さらに洋菓子のパティシエブームなど、和菓子を取り巻く環境が厳しいものとなったためと言われている。

1. 和菓子産業の構造と規模

　和生菓子における2015（平成27）年の生産数量約30万トンは、ほぼ横ばいながらわずかに前年を上回り、生産金額、小売金額は原料、包装資材等の価

格上昇が販売価格に反映され、若干増加した。業界の特徴としては、小規模事業者において経営難により廃業店が増加する一方で、売上金額の伸長を果たす事業者が存在するなど、事業者間の格差が拡大している[*1]。

　また菓子の総生産量196万828トンのうち、和生菓子が占める割合は30万5,000トンで約15％を占め、生産金額は3,850億円、小売金額は4,750億円で、いずれも菓子業界で第1位となっている（図2-1）。しかし、これらのピーク時である1995（平成7）年ごろからは約2割減少している。現在は、依然としてデフレ傾向が続くなかで、砂糖、乳製品等の原料価格、資材等の材料価格の上昇や高止まりが続いており、前年に引続き難しい経営環境に置かれている。こうした和菓子業界の産業構造はきわめて零細性が強く、製造直販の企業が圧倒的に多く約95％の企業（店）が、従事者数10人未満である（藪：2007）。

　また工業統計によると、品目別の産出事業所数は、食料関係の事業所が多くなっており、3位の「その他の製造食料品」3,258事業所に次いで、和生菓子の事業所は2,332事業所（7位）となっている（表2-1）。洋生菓子は2,033事業所の26位であることから、減少しているとはいえ、事業所数から見る限り、和生菓子は現在も経済的に重要な役割を維持している。ただし、事業所数では、4人以上の従業員数がある和菓子事業所が1998（平成10）年度では、全国で3,707軒であったものが、2014（平成26）年には2,332軒へと減少している。出荷額は1998（平成10）年の649,861百万円から2014（平成26）年543,520百万円へと減少しており、わずかながらも経営規模の拡大が見られる（図2-2）。

　なお、零細性の強い製造直販という業態である理由について、全国和菓子協会専務理事の藪光生氏は、以下のように述べている。少し長いが引用しておこう（藪：2007）。「和菓子の持つ商品特性など種々の理由が考えられるが、地域密着型の経営が多いことも大きな要因の一つで、同時に、それが安定した業績を保っている理由の一つとして見逃せない面を持っている。また地域密着型の経営（製造直販型）がなされているのは、販売商品に生ものが多く、流通菓子のような展開がしにくい点が挙げられ、その結果、それぞれの店がその規模に応じた地域固定客をつかんでいるためといえる。また、歴史のある企業（店）が多く、独自の売れ筋商品を育ててきたことや、それが各店の個性化にも

図2-1 菓子類の生産額と推移

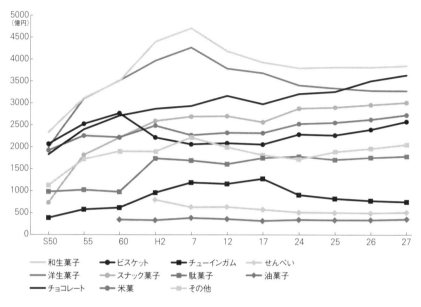

出所）全菓連統計より作成 http://www.zenkaren.net/_0700/_0701 2017年9月17日最終確認

図2-2 和生菓子の事業所数の変化と出荷額の変化

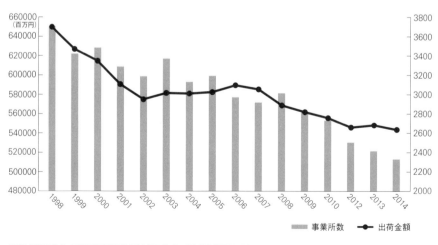

出所）経済産業省 工業統計表「品目編」を加工作成　註）出荷額（百万円）

表2-1 品目別出荷および産出事業所数（従業者4人以上の事業所）

順位	品目名称	産出事業所数		主な都道府県		
			前年差	第1位	第2位	第3位
1	オフセット印刷物（紙に対するもの）	7,044	▲280	東京	大阪	愛知
2	その他の製缶板金製品	3,937	▲123	愛知	大阪	神奈川
3	その他の製造食料品	3,186	▲ 72	愛知	埼玉	北海道
4	生コンクリート	2,699	▲ 25	北海道	愛知	新潟
5	その他の建設用金属製品	2,558	▲ 2	大阪	埼玉	北海道
6	金属工作機械の部分品・取付具・附属品	2,396	▲ 36	愛知	大阪	静岡
7	和生菓子	2,332	▲ 86	北海道	新潟	京都
8	打抜・プレス機械部品（機械仕上げをしないもの）	2,312	▲ 47	愛知	大阪	埼玉
9	自動車用プラスチック製品	2,300	▲ 53	愛知	静岡	群馬
10	他に分類されない水産食料品	2,241	▲ 65	北海道	静岡	兵庫

出所）経済産業省 工業統計表「品目編」2014より作成

表2-2 和生菓子事業所の規模と事業所数

調査年	従業者数4人～9人		従業者数10人～19人		従業者数20人～99人		従業者数100人以上	
	産出事業所数	出荷額（百万円）	産出事業所数	出荷額（百万円）	産出事業所数	出荷額（百万円）	産出事業所数	出荷額（百万円）
2013	1,033	25,584	561	38,906	639	184,582	185	299,142
2014	967	22,953	568	42,221	631	192,273	166	286,072

出所）経済産業省 工業統計表「品目編」より作成

繋がって安定した客筋をつかんできたことも一因といえよう。

　零細性は強いが、経営基盤が安定していることも、一つの特長といえる。これは、ほとんどの企業（店）が土地建物を自己所有し、自分の生活とも密着して和菓子店経営を行っていることによるもので、営業規模、資産状態が良い店が圧倒的に多い。零細企業と大企業との売上構成比は統計上明らかではないが、およそ50％程度の売り上げを零細店で占めていると考えられる。またコンビニエンスストア等における販売は伸びが鈍化しているものの、営業形態の優位性を生かして微増を保っている。他方、贈答需要は前年において若干回復の兆しが見えたものの、定着するには至っていない」というのである[2]。このように和菓子事業所の多くは零細であり、従業員が4名以下の事業所が数多く存在していると考えられている（表2-2）。その多くは、「おらが町の饅頭屋」として地

図2-3 都道府県別「和生菓子」の出荷額および産出事業所数（従業者4人以上の事業所）

出所）経済産業省 工業統計表
「品目編」(2013)を加工作成
註1）出荷額（百万円）
註2）従業者4人以上の事業所

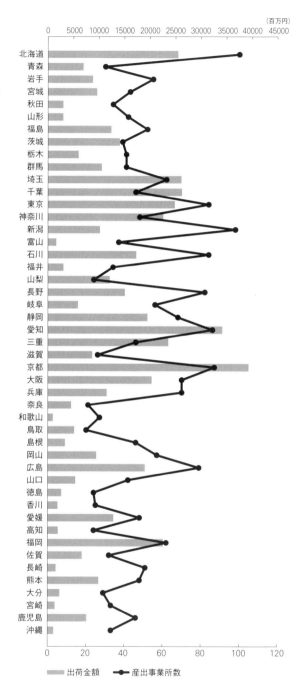

■ 出荷金額　● 産出事業所数

52

域に根ざした経済活動を行っており、地域住民の高齢化により、自宅で「おはぎ」や「団子」などの季節の菓子をつくれなくなっている家庭に饅頭や餡を販売することで、家業を維持している姿が推察されるのである。

このように和菓子業界には、家業と呼ばれるような中小零細企業から全国的に知名度を有した従業員数が100名以上の企業まで、様々な組織形態が混在している。またその歴史も朝廷の御用を務め、その暖簾がブランドとしての価値を有する企業、その暖簾分け、そして比較的浅い業歴となる新規開業による企業まで様々である。しかしその多くは、地域密着型の小規模事業者であり、家業として行っている様子が推察できる。

また工業統計によると、和菓子事業所数が多くかつ出荷額も多いのは、京都府で、続いて愛知県となっている。事業所数が多い都道府県は、北海道、新潟県、京都府、愛知県などである。産出金額が高い都道府県では、突出して京都が高く、続いて、愛知、千葉、埼玉という順番になり、強い地域差がある（図2-3）。

2. 和菓子の消費状況

次に和菓子の消費状況について確認しよう。総務省の「家計調査」によると1990（平成2）年頃をピークに和菓子類の消費額が減少している。和菓子業界では、和菓子は洋菓子と比較してヒット商品が少なく、業界全体の停滞が指摘され事業の存続そのものに危機感が現れ始めた時期でもあった（図2-4）。

しかし、全国菓子工業組合連合会（全菓連）によると、自家消費（自分の家で食べる）の菓子の消費額では、食費のなかでの割合が2008（平成20）年までは、6％台で安定しているという。収入が低く、食費に多くの割合を支出していた時にも、所得が増え豊かになったときにも、菓子類は、食生活のなかで一定の役割を持っていることを示している。

総務省『家計調査』[*3]によると、「おはぎ」や「どら焼き」「桜餅」などの、羊羹や饅頭以外の「他の生菓子」の1世帯当たりの年間支出金額は2014（平成26）年〜2016（平成28）年平均では、9,295円であり、菓子類の消費額の1位

である。なお1994（平成6）年では、全国平均の消費額は、菓子類8万9,120円のうち、「ようかん」1,089円、「まんじゅう」3,787円、「他の和生菓子」8,915円、「カステラ」1,363円であり、「ケーキ」は9,805円である。この数字は、日本が1980年代後半から1990年代初頭にかけてのバブル経済が崩壊した後の数字であり、ここで消費の減少が顕著に現れたのが、「他の洋生菓子」「ケーキ」「まんじゅう」だった（図2-4）。そして2016（平成28）年では、菓子類8万3,472円のうち、「ようかん」760円、「まんじゅう」1,366円、「他の和生菓子」9,440円、「カステラ」921円、「ケーキ」6,916円となっている。

　また月別にみると「かしわ餅」や「桜餅」といった行事の餅菓子が含まれる「他の和生菓子」の消費額が、3月、5月、12月に現在も高くなっている。ひな祭りや端午の節句があるためではないかと和菓子業界でも推察されている[4]（図2-4）。

　また消費者が和菓子を購入する形態として、昭和期であれば顧客一人あたり5個以上からの注文が一般的であったが、近年の核家族化、単身世帯の増加によって、現在は顧客一人あたり、1〜2個といった状況になっている。こうした客単価の変化、社会的環境の変化によっても和菓子事業所が、厳しい状況に置かれたことは想像に難くない。

　2015（平成27）年の国勢調査によると、総人口に占める割合を2010（平成22）年と比べると、15歳未満人口は13.2％から12.7％に低下、15〜64歳人口は63.8％から60.6％に低下、65歳以上人口は23.0％から26.7％に上昇となっており、65歳以上人口の割合は、調査開始以来最高となっている。

　和菓子は、年齢層が高いほど消費される傾向があるとの調査が示すとおり、事業継承の観点からも、いかに若年層に和菓子を知ってもらうかが課題となっているといえるだろう（表2-3）。また25〜34歳で子供を持つ女性の有職率が大幅に上昇していることもあり[5]、家庭で和菓子を手づくりするといった機会が減少し、かつ誕生日やクリスマスには、洋菓子「ケーキ」を用いることが定着している。そのため、幼少期に小豆を用いた菓子を口にする機会は減少しているのではないかと推察される。

　また核家族化によって、伝統的な家庭での行事が伝承される機会が減少していることも推察される。また日本の行事に特定の和菓子を用いるといった意

図2-4 和菓子の月別消費額

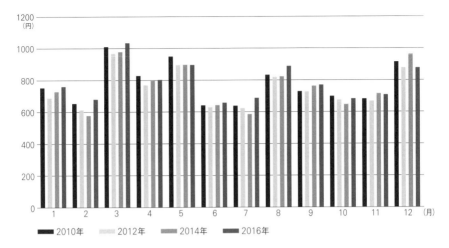

出所）全国菓子工業組合連合会（全菓連）より作成

表2-3 高齢者世帯で消費されている傾向がある和菓子類

二人以上の世帯	菓子類	ようかん	まんじゅう	他の和生菓子	カステラ	ケーキ	せんべい	スナック	チョコ
平均	83,472	760	1,366	9,440	921	6,916	5,825	4,346	5,862
〜29歳	65,280	26	372	2,959	394	8,151	2,589	5,514	4,703
30〜39	85,953	217	607	5,003	546	9,607	3,456	7,209	6,805
40〜49	94,048	313	790	6,115	654	9,267	4,585	7,729	7,455
50〜59	88,695	658	1,222	9,027	798	8,284	5,906	4,734	7,126
60〜69	83,736	1,052	1,778	11,511	1,015	6,198	6,863	3,136	5,371
70歳〜	73,755	1,088	1,798	12,002	1,250	4,210	6,729	1,918	4,256

出所）総務省統計局『家計調査』（品目分類）第10表 時系列（1994年〜2016年）〜二人以上の世帯、1世帯当たり年間の品目別支出金額，購入数量及び平均価格（二人以上の世帯）より作成
註）100世帯当たりの購入頻度〜二人以上の世帯、2016年月別〜二人以上の世帯、年間収入五分位階級別〜二人以上の世帯・勤労者世帯、世帯主の年齢階級別〜二人以上の世帯

図2-5　菓子の消費の変化

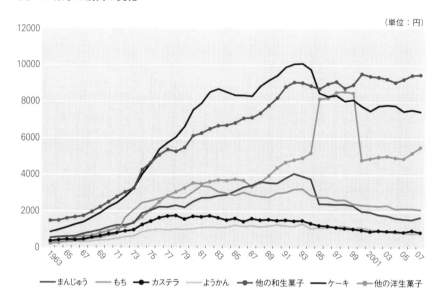

(単位：円)

凡例：　まんじゅう　もち　カステラ　ようかん　他の和生菓子　ケーキ　他の洋生菓子

出所）総務省統計局「家計調査」1世帯当たり年間の品目別支出金額及び購入数量（二人以上の非農林漁家世帯）全国20-3-a
より作成
註）2000年に「他の洋菓子」の金額が激減しているのは「他の洋菓子」から「ゼリー」と「プリン」が分割・新設されたため

味が薄れている背景には、特に法事や彼岸など、かつては、親族が大勢集まっていた行事が少なくなり、餅や団子といった和菓子がお供え物として仏壇や神棚に供えられる機会に接することが減少していることがある。また参列者のなかに餡が苦手だという子供がいる場合、すべてのお供えが洋菓子に置き換わるといったことも聞かれる。そもそも、家庭内に畳の間[*6]、床の間、あるいは仏間や仏壇、神棚といった信仰や宗教にかかわるスペースといったものがない、あるいは減少していることも指摘しておこう。

　統計では和菓子の消費は、相対的に堅調に推移している状況が読みとれる。しかし、品目別で見ると「まんじゅう」においては、1995（平成7）年以降に減少が顕著となっている（図2-5）。

　また1章で見たように、それぞれの都市によって消費される菓子の種類が異なっており、その消費額の差も大きいことが確認できる。とりわけ長崎市の「カステラ」の消費や、金沢市や京都市の「その他の和生菓子」の消費が高いこと

が示されている（表1-1）。とりわけ、「ようかん」と「カステラ」について都市間で消費額の差が大きい品目になっている（表1-1）。

　以上、統計などからも、和菓子の需要は維持されており、またその機会は現在も年中行事や冠婚葬祭といった日本の生活文化に密着したものであり、これが社会的習慣として継承され、こうした機会での需要が根強いことが示されている。またお茶請けとしてだけでなく、地域特産品としての土産品や茶道との関連からも、和菓子が地域に密着した特徴ある加工食品であることが示されている。

MINI COLUMN ❷

和菓子産業を支える北海道十勝産小豆

　和菓子の材料のなかでも小豆の品質は、もっとも重視されている。この「小豆」は、日本人にとっては、材料としての役割にその存在感を留めていない。逆説的になるが、和菓子とは、そもそも小豆や餅が持つ役割を拡大して菓子として発展して来たものであると捉えることもできる（1章参照）。日本最古の歴史書といわれる『古事記』には、小豆は「五穀」の一つと記されている。小豆の赤い色には神秘的な力が宿り、魔除けの色と言い伝えられ、有史より神事、宮中の儀式や吉事、凶事に使われた。また田畑への病原菌や野獣の侵入を防ぐとされ[*7]、水田や畑の周囲にも植えられるなど全国的に生産されていた（表コラム2-1）。

　しかし、現在では産地の集約化が進み、小豆は北海道産が9割を占めるようになった。また小豆や加糖製餡の輸入は関税割当制度の下で行われており、この輸入量は財務省「貿易統計」によれば2012年に冷凍豆が6,711トン、加糖餡が7万4,258トンとなっている。この輸入製品の価格は国産のものの半分ほどではないかと考えられる。

　北海道の中でも、十勝地域は平年の気候であれば小豆の栽培に最適である。しかし、昭和期には3年に1度の大冷害で壊滅的な被害を受けてきた。その対策のた

表コラム2-1 都道府県別小豆の収穫量の変化

都道府県		昭和23年 1948	昭和27年 1952	昭和37年 1962	昭和47年 1972	昭和57年 1982	平成4年 1992	平成24年 2012
全国		130700	107600	92800	60400	88200	78100	68200
北海道		11300	63500	73500	63500	71600	49000	63000
東北	青森	934	2880	3190	6080	2230	1700	274
	岩手	58	77	74	84	76	78	69
	宮城	853	2480	3090	1180	679	546	87
	秋田	773	1740	2410	2040	1470	929	251
	山形	649	2090	1830	814	728	521	105
	福島	1380	4870	6060	3110	2120	1280	280
関東・甲信	茨城	2050	3140	3010	1360	1020	498	161
	栃木	1500	3050	2780	1360	1140	2200	224
	群馬	764	3000	1760	1040	443	476	268
	埼玉	980	2150	1510	731	386	331	137
	千葉	845	1450	1690	831	437	353	112
	東京	172	619	540	203	27	12	1
	神奈川	328	662	700	119	65	53	16
	山梨	279	749	490	292	124	127	41
	長野	1600	3860	2120	1290	800	590	186
	静岡	413	1370	1370	568	262	132	21
北陸	新潟	1310	3110	3140	1440	1190	684	146
	富山	947	1400	800	183	169	94	14
	石川	998	1800	1210	454	332	283	61
	福井	383	547	670	221	114	69	30
東海	岐阜	281	706	970	462	268	133	44
	愛知	471	1040	840	289	176	130	29
	三重	241	1200	960	269	121	92	30
近畿	滋賀	163	518	670	245	151	158	43
	京都	218	533	600	391	629	762	468
	大阪	126	35	28	7	10	8	0
	兵庫	476	763	770	448	526	801	611
	奈良	219	389	360	151	148	102	49
	和歌山	47	187	130	63	46	21	2
中国・四国	鳥取	468	648	630	338	250	303	93
	島根	807	2000	2070	1010	523	432	140
	岡山	629	1270	1490	1150	487	766	234
	広島	860	1710	2390	916	771	751	116
	山口	240	1660	1450	512	276	156	51
	徳島	192	346	430	203	86	101	20
	香川	99	173	83	111	125	138	27
	愛媛	159	806	720	259	163	207	47
	高知	169	317	520	92	53	59	12
九州	福岡	153	605	400	192	126	180	42
	佐賀	350	677	750	512	220	202	54
	長崎	355	677	710	391	177	167	34
	熊本	1350	3300	3920	3760	568	409	152
	大分	439	1350	1630	835	625	613	72
	宮崎	455	1120	930	348	242	202	34
	鹿児島	520	922	720	275	134	86	19
沖縄		—	—	—	—	0	—	—

出所）農林水産省「作物統計」より作成

めに交配されて育成されたのが「エリモショウズ」(十勝農業試験場)である。早生育成系統であり秋霜にあたる前に収穫できるといった特徴をもった小豆である[*8]。農業試験場の育種研究者が、「赤いダイヤ」と呼ばれるほど相場変動の激しい小豆を品種改良して、和菓子原料としての安定した小豆の生産を実現したのである。また和菓子事業所にとっても「エリモショウズ」は、均質に早く煮えると評価が高まった。こうして「エリモショウズ」は、急速に普及し、記念碑が設立されたほどである。

また十勝地域で、現在も「よりこ」さんによって豆の選別を行ってから出荷するという株式会社カネマルの代表は以下のように語る。小豆は、豊作になると価格が下落し、高品質な小豆であっても、安く買いたたかれる。そして、不作になると価格が高騰する。また農家側では、補助金がつく作物があれば、作付けのモチベーションは、補助金政策がある作物へと流れる。近年の例で言うと、米どころでは「飼料米」への補助金給付によって、飼料米生産に農家の生産の転換がなされている。小豆の生産に比べて、米の生産は作業効率が良いのである。十勝においては農薬や肥料が少なく済む「大豆」が圧倒的に人気であり、他に「ソバ」「なたね」がある。こうした要素によって、小豆は農家にとっては、積極的に栽培したいと思う要素

表コラム2-2
2016年の小豆の作付面積都道府県順

	都道府県	作付面積 (ha)
1	北海道	16,200
2	兵庫	699
3	京都	493
4	岡山	352
5	岩手	339
6	福島	206
7	長野	201
8	青森	175
9	群馬	174
10	栃木	173

出所) 農林水産省「作物統計」(普通作物・飼料作物・工芸農作物) より作成

写真コラム2-1　よりこさんの作業
(カネマル内での作業の様子)

が少ないという。しかし、北海道では、小豆は、比較的栽培に手間のかからないといった特徴があり、また連作障害をさけるための長期輪作体系のなかに小豆が組み込まれているので、これからも栽培は続けられると推測している。

　現在は、「エリモショウズ」を中心に、老舗の和菓子事業所が十勝産小豆を使用するなどその品質の高さが業界では知られている。たとえば、虎屋の「羊羹」、伊勢の「赤福」、播州御座候の「御座候」(回転焼き) など、小豆の品質へのこだわり、かつ数量も必要とする和菓子の大手メーカーなどがある (佐藤:2012)。

　こうして、現在の和菓子の小豆の材料は、国産であれば、北海道産、十勝産の豆類が主流になりつつあるが、そのなかでも、事業所によっては、小豆の品種 (エリモショウズ、きたのおとめ、きたまろん) の指定、粒の大きさ、店の味との相性といった点から、収穫年ごとに仕入れの判断を行う事業所も多数存在する。

　また小豆の収穫量は、乱高下するものであることからも、和菓子事業所と仕入れる業者や卸商との関係が重要になる。良い和菓子をつくるために、目先の金額の多寡よりも、長年に渡る取引を行い、いざというときに優先的によい小豆を卸してもらえるような信頼関係を構築している。同様に優れた小豆を栽培する農家も取引先として代々受け継がれているのである。

注：

*1　全国菓子工業組合連合会発行「菓子工業新聞」2016 年 4 月発行より。
　　　http://www.zenkaren.net/wp-content/uploads/2016/05/284.pdf　2016 年 7 月 10 日最終確認。

*2　全国和菓子協会専務理事藪光生（2010）『和菓子産業の現況』独立行政法人農畜産業振興機構より抜粋。
　　　http://sugar.alic.go.jp/japan/view/jv_0701b.htm　2016 年 7 月 7 日最終確認。

*3　総務省『家計調査』の和菓子の分類は、「ようかん」：あんに砂糖、寒天を加えて練り又は蒸したもの。「水ようかん」「練ようかん」「むしようかん」など。「まんじゅう」：小麦粉、その他の穀類の粉で各種のねりあんを包んで蒸したもの。「温泉まんじゅう」「薄皮まんじゅう」「田舎まんじゅう」「酒まんじゅう」など。「他の和生菓子」：ようかん、まんじゅうに分類されない和生菓子。半生菓子も含む。「大福もち」「羽二重もち」「くずもち」「ゆべし」「栗まんじゅう」「最中」「桃山」「あんきり」「おはぎ」「かしわもち」「桜もち」「どら焼」「今川焼」「たい焼」「くしだんご」「もみじまんじゅう」など、とされている。
　　　全菓連 HP も参照　http://www.zenkaren.net/_0700/_0704　2018 年 1 月 8 日最終確認。

*4　参照資料：全国菓子工業組合連合会（全菓連）http://www.zenkaren.net/_0700/_0707 2017 年 1 月 4 日最終確認。

*5　「夫婦と子供のいる世帯」（「夫婦と子供から成る世帯」、「夫婦、子供と両親から成る世帯」及び「夫婦、子供とひとり親から成る世帯」を指す。妻の年齢が 15 ～ 39 歳の世帯（563 万 3,000 世帯）について、妻の有業率を見ると年齢が高くなるにつれて有業率も高くなり、「35 ～ 39 歳」では 54.8％と過半数を上回っている。さらに注目したいのは、平成 14 年（2002）との比較では、子供が幼いとみられる「25 ～ 29 歳」で 4.3 ポイント、「30 ～ 34 歳」で 5.7 ポイント上昇しているという。総務省統計局「平成 27 年国勢調査 抽出速報集計結果 結果の概要」平成 28 年 6 月 29 日　http://www.stat.go.jp/data/shugyou/topics/topi34.htm　2017 年 8 月 27 日最終確認。

*6　畳表の生産量は、2007 年で、4,930 千枚であったが、2016 年概数では、2,540 千枚と半減している。ただし、畳表は輸入もされている。2011 年では、2,086 千枚のうち、輸入は 1,699 千枚で 81％を占めていた。しかし、2015 年では、生産 1,329 千枚のうち、1,042 千枚で、79％となっている。農林水産省、2016 年産「い草」の作付面積、収穫量及び畳表生産量（主産県）より。
　　　http://www.maff.go.jp/j/tokei/sokuhou/tokutei_sakumotu/h28/igusa/　2017 年 8 月 27 日最終確認

*7　ヒアリング調査：黒さや大納言小豆生産者　柳田隆雄氏　2015 年 5 月 10 日　場所：兵庫県丹波市春日町東中。

*8　ヒアリング調査：株式会社カネマル 代表取締役 金本進二氏　2017 年 1 月 4 日。

*9　ヒアリング調査：株式会社カネマル 代表取締役 金本進二氏、常務取締役 山口幸一郎氏　2017 年 4 月 16 日　場所：株式会社カネマル。

理論編 ◆ 変化する和菓子業界を俯瞰するための分析枠組み

　本書は、和菓子を価値あるものとさせている、人やモノ、あるいはこれらを含んだハイブリッドな実体の背景を明らかにしようとする試みである。ここで、本書が依拠する理論的枠組みを提示しておきたい。

　本書が依拠する理論的枠組みは、主としてコンヴァンシオン理論であり、もう一つの理論的な軸が、コンヴァンシオン理論やアクターネットワーク論を取り込み、現在、英語圏を中心に隆盛を見せている「価値づけ」研究 valuation studies である。

　これまで、「和菓子」については、一般書や雑誌においてグルメ情報や調理法（レシピ）が記述されてきた。これらは和菓子を購入する際に消費者の選択を支援し、手づくりする際に消費者にとっての簡便な情報を提供してくれる。一方、学術研究の領域では、文献史料考証に基づいた研究、老舗和菓子事業所の経営学的研究などが散見される。しかし、食文化としての今を生きる和菓子全般を見渡すような理論的枠組みを用いた社会経済的研究は存在していない。そこで本書では、現在の和菓子を価値あるものとさせている価値づけの活動を明らかにするために、コンヴァンシオン理論や価値づけ研究を取り入れた。

　こうした理論は、日本の文化や他の伝統産業を俯瞰する新たな視角となると思われる。ただし、これらの理論的記述は一般的に馴染みがあるものではなく、また新しい社会科学理論に属することもあり、お急ぎの読者はこのパートを飛ばして読まれてもよいだろう。

1. コンヴァンシオン理論

　日本の菓子の品質の高さ、菓子職人の技術水準の高さは、たとえば日本人パティシエがフランスで活躍していたり、世界最大のチョコレートの祭典「サロン・

デュ・ショコラ」で日本人のショコラティエが最高の賞を何度も受賞するなど、国際的に知られるところとなった。また民間のインターネット調査（ジャストシステムによる、15歳～69歳の男女1,100人を対象）によれば、人工知能AIにより置き換えられてほしくない職業（飲食部門）として、第1位に和菓子職人が選ばれている（第2位は板前さん）。こうした点からも菓子づくりにおける手仕事、技の重要性というものが認識されている。

　また伝統的に、茶道や神社仏閣などの権威筋とともに発展してきた和菓子も、長崎のカステラ、佐賀県の小城羊羹、鹿児島県の軽羹、長野県小布施町の栗菓子などに見られるように、地域の食文化の重要な要素をなしている。

　さらに現在では、外国人観光客などによる上生菓子のインスタグラムへの投稿などにより和菓子がエキゾチシズムを駆り立て、好奇心の対象をなし、活性化していることは、本書の別の各章で述べているとおりである。

　理論編ではこうした和菓子の現在の多様性を統一的な視点から俯瞰できるような理論枠組みとしてコンヴァンシオン理論を取り上げたい。この理論は、フランスをはじめとして先進各国における食品や農産品の品質についての研究において広く普及し、財やサービスの品質の評価を巡る「慣行」（共有された解釈枠組み）、つまりコンヴァンシオン[*1]について検討している。たとえば、80年代～90年代初頭にフランスをはじめとした欧州諸国における、大量生産・大量消費に基づくフォード主義的経済体制から、品質を重視したポスト・フォード主義的経済体制への転換を分析する際に積極的に活用された（須田：2000）。この理論枠組みによって、西欧の食品や農産品を巡る経済の変化は、以下のように説明される（以下、須田：2000による）。

　農産品や食品が、生産性や収量といった基準によって成果が測られ、また専門特化され、均質化された産品をつくるための産地の形成が望ましいとされてきたフォード主義的農業は、農産物の過剰生産、食品の品質の劣化、牛肉のBSE危機や農薬多投に示されるように環境的危機と健康リスクを生み出し、市場の飽和に見られる構造的危機に陥った。消費者側では、自然や「ホンモノらしさ」を求めるようになり、それまでの支配的な農業生産方法が疑問視されることになった。こうして、効率的な農業生産性の追及から品質を重視した農政への転換が図られ

たのであるが、その後も農産品の過剰生産に伴う公的財政支出の増加や国際貿易交渉による一層の市場開放を求められ、貿易自由化による競争力のさらなる向上の要請があった。また一方で、農業生産の集約化や工業化に適さないような条件不利地帯における農業、生産者の経済的不利を緩和するために、伝統的な農産品や食品を高付加価値化し、農村ツーリズムの振興など、農業および農村の経済を多角化する必要があった。

　こうした背景において、フランスをはじめとした南欧諸国から特に要望のあった地理的表示制度が1992（平成4）年に、EUにおいて制定されたのである。食品を取り巻く社会的環境や要因が大きく変化したことによって、先進各国の農政、職能団体、食品企業は、国際市場では効率的に調達できないような資源、すなわち近接性や「ホンモノらしさ」（真正性）、地域に特徴的な農産品や食品の特異性、「テロワール」といった多様な価値を含んだ資源を活用することで、消費者の多様な需要に応えようとし、また農産品の高付加価値化の政策が展開されることとなった。

2. 「テロワール」と「特異性」「真正性」

　伝統的な和菓子、特に地域との関係を考察する際に、前述した「品質」という概念、そして、フランスのワインやチーズを論じるときに多く取り上げられる「テロワール」という概念が参考になる。この「テロワール」は「特異性」の概念と不可分であり、これらが産品の真正性を担保しているといえよう。しかし、フランス語の「テロワール」という概念は他の言語に翻訳不可能である。テロワールという言葉を説明するために、フランスの国立原産地呼称機関INAOが、国立農学研究所INRAの研究者を動員してテロワールを以下のように定義している。テロワールは「限定された地域的空間であり、そこでは人間共同体が、歴史を通じて生産の集合的知識を構成し、それは物理学的、生物学的環境と、人間的要素全体との間での相互作用システムに基づいており、そのなかで作用している社会技術的軌跡が、この地理的空間を原産地とする財に対して、オリジナリティを示し、特異性を付与し、評判を生み出している」（INRA-INAO:2005）とされた（須田:2015）。地域の

食文化としての伝統的な和菓子についても、こうした概念が当てはまると思われる。

　欧州では、テロワールという概念によって説明されている食品の代表的なものにワインやチーズがある。とりわけ「テロワール・ワイン」の真正性を担保してきたのがAOC（統制原産地呼称）であり、ワインがAOCを付与されるためには、当該のワインのAOC試飲評価委員会による官能分析試験（ブラインド試飲）をパスしなければならない。しかし、テロワールとは土壌および気象、農学、醸造学などの多様な要素の結合であるが、いかなる科学も、これらの要素をテロワールの構成要素として特定することができない。

　テロワール内部でのワインのテイストのバリエーションのほうが、テロワール間でのそのバリエーションよりも大きいとされ、また異なった試飲者により産出される同一ワインのイメージは多様であり、これを縮減することができないと言われているように、テロワールの実在の有無にかかわらず、テロワールのテイストは神経生理学によっては認識され得ないことになる（Teil:2011）。

　著名なワイン批評家たちによるブラインド試飲によってはワインの官能的特徴をほとんど捉えることができないことに加えて、ワイン分野でのインサイダーたちのいうところによればどんな高級ワインでさえ、原価コストは1本あたり10ユーロだそうである（Beckert:2014）。

　またフランスの経済社会学者カルピーク（Karpik:2007）によると、特異な財の価値は、製品差別化とも異なり、需要と供給によって決定されるものでもないという。これらは、ガイドブックのような象徴的権威により決定され、その価値は、文化的複合体、特定の経済活動と結合した集団から生じるとする。たとえば、この文化的複合体としては、ワインを例にとれば、その専門家やジャーナリスト、醸造家、生産者、ガイドブック、評価するボキャブラリー、官能試験技術、試飲技術、試飲プロトコルの精緻化、文化的言及に富んだコラム、このような人や事物から構成されている。

　またベッカート（Beckert:2014）は、カルピーク（Karpik:2007）の述べる真正性のレジームについて、とりわけ美術品やワインの市場においては、その評価はアクターの形成といった社会的過程を伴うと述べている。芸術作品の価値は、芸術家

だけによって創出されるのではなく、複数のアクターたち（たとえば、批評家やジャーナリスト、画廊など）によって創出され、事物を芸術作品へと変容させると述べている（Beckert:2014）[*2]。そのため財の品質はあらかじめ財に内在しているというよりも多様なアクターによる価値づけ「活動」により構築されているといえる（Karpik:2007, Muniesa:2012）。

　こうして「テロワール」という概念は、二つの観念の間で動揺することになる（須田・森崎:2016）。一方は、モノとしてのテロワールで、これはあらかじめ仕様書の中に定義され、安定化された客観的な特徴を持つ自律した存在であり、観察可能な事物である（たとえばワインの酸味やアルコール度数、フルーティな香り等）。他方ではテロワールの「テイスト」ないし真正性を所与として扱うのではなく、アクター全体により実施される、様々な評価の集合的で、分散された活動全体の結果として、産出されるべき表現としてテロワールを扱うようなアプローチである。

　本書で和菓子を考察する際にも、後者のアプローチを採用することになる。すなわちテロワールという真正な価値はあらかじめ事物の中に存在している（魔法の杖の一振りによってその価値を白日の下に晒されるのを待っているかのような）価値なのではなく、生産者や消費者、愛好家、批評家など多様なアクター（「実践の共同体」）による価値づけという活動の、暫定的で一時的な結果なのである。

　さてテロワールに体現されているような事物やサービスの「真正性」について、経済人類学の領域ではアパデュライ（Appadurai:1986）やスプーナー（Spooner:1986）が一連の研究の嚆矢をなし、そこでは、商品の「真正性」は社会的に形成された文化的価値に従っていることが示されている。たとえば、彼らはベンヤミンの『複製技術時代の芸術』（Benjamin:1936）に依拠して、芸術の真正性の基礎には「アウラ」があるのであり、現代複製技術により、これが危機にさらされていることを論じる。たとえばペルシャ絨毯製造の技術進化が高級産品の大量生産を可能とさせるにしたがって、生産者やディーラー、鑑定家、消費者たちの間で、真正性の基準が絶えず「再交渉される」ことが明らかにされている。

　本書で扱っている日本の菓子についても、その歴史的、文化的要素からカルピークが述べるような文化的複合体ないしウェンガー（Wenger:1998）の述べる「実践の共同体」による価値づけという議論が適用できよう。

3. コンヴァンシオン理論の「シテcité概念」と和菓子

　以下では和菓子の多様な価値を鳥瞰する際の分析枠組みをなすコンヴァンシオン理論について概要を示しておこう。和菓子のような伝統的で、文化的な産品の価値づけを巡ってどのようなアクターたちがその活動を展開し、時代に応じて、どのようなアクターたちが新たに登場し、和菓子にどのような新しい価値が付与されているかを明らかにすることができる。

　コンヴァンシオン理論の代表的論者であるボルタンスキーとテヴノ（Boltanski et Thevenot:1991）は、「財やサービスの価値は、これを取り巻く行為者（アクター）の共通の知識や判断、および共有された信念に照らして測られ、こうしてお互いの行為と期待が調整される」としている。お互いの期待と行為を調整する共通の「上位原則」は複数あり、こうした原則により統治される「共通の世界」を「市民体＝シテcité」と呼んだのである。

　この共通の世界を示す「シテcité」の概念は、特定数の正義の規範と同時に、（行為と人、モノとを測定し、分類することを可能とさせる）度量衡ないし価値尺度を付与された等価システムであり、現在七つのシテが提示されている。すなわち「家内的シテ」「市場的シテ」「工業的シテ」「インスピレーションのシテ」「世論のシテ」「公民的シテ」の六つであり、のちにボルタンスキーとシャペロ（Boltanski et Chiapello:1999）が「プロジェクトのシテ」を同定した。

　それぞれのシテはそれぞれの「偉大さ＝価値」を統御している「上位原理」により特徴付けられており、この原則に照らしてアクターが自らの期待と行為を調整し、事物を評価し、お互いの関係を階層化し、この秩序において人々を公正に扱うことを可能とさせる自律した全体を構成している。同一のシテに属していればお互いに言い争っているアクターたちでも、共通の上位原則ないし価値基準に照らして証拠を提出し、これを試験にかけることで紛争を解決し、秩序を回復するのである。こうしてそれぞれのシテにおいて価値があるとされるためには、そのシテに固有な試験を通じて当該のモノや人の価値が明示的に承認されなければならない。

　もちろん、こうしたシテが純粋な形で現実世界に存在しているわけではない。たとえば現実に存在している企業組織は、営業部門は消費者のニーズを敏感に受け

入れ（市場的シテ）、製造部門は効率的な生産方法を追求している（工業的シテ）というように、シテの間の「妥協」によって成立しているのである。

　和菓子のような多様に価値づけられる財も、コンヴァンシオン理論を参照することによって、京菓子やコンビニエンスストアに並んだ饅頭、さらには現在の和菓子職人がつくるアート作品のような和菓子に至るまで、和菓子の多様なシテを示すことができるのである。

　表を参照しながら、ボルタンスキーとテヴノ（Boltanski et Thevenot:1991）によるそれぞれのシテの特徴を述べ、これを和菓子と関連づけて説明しておこう。シテ概念のなかで、伝統産業としての和菓子から創造産業（アート）としての和菓子への変容と共存を捉えるために参照されるシテは、「家内的シテ」「工業的シテ」「市場的シテ」「インスピレーションのシテ」「プロジェクトのシテ」である。

3-1 家内的シテ ［cité domestique］

　「家内的シテ cité domestique」は、血縁や地縁を基盤とし、年功などを重視した権威のヒエラルキーが判断基準となり、家父長制に例えられる。また主体や事物、その評価対象は、伝統に固有な資産となる。その目印としては口頭で伝えられることである。ここで偉大な者とされるのは、権威、伝統性、習慣によって体得された礼儀作法などによって評価される。また代々伝わる家名といった名声も試験（評価）の要素をなすが、この場合の名声は世論のシテとは異なり、時間の試験を経て、長く持続しているものである。さらに「家内的シテ」は伝統、ヒエラルキーを称揚し、自分自身、弱者を保護する家長の能力を試験として自らに課している。そのため権威がある一方で、礼儀正しい自然な立ち振る舞いが身体化され、同様に礼節を持った人々との絆をもたらす（Boltanski et Thévenot:1991）。

　こうした価値は京菓子に見られるものであり、神社仏閣や茶道家元からの受注生産や御用関係の代々の取引の実績といったもので理解される。「上菓子屋」というアクターであれば、ここでは、家父長制や徒弟制度、そして暖簾が重んじられる伝統的な京菓子、地域に密着し、連綿と受け継がれた取引関係のある菓子屋が該当するといえる。

　人であれば、ここで評価されるアクターとなる人物の立ち振る舞いが、評価の

対象となる。家父長制に従った言動（家長としての威厳があり、家の繁栄のため家族や弟子を守るような行動など）、あるいは、茶の湯や茶道の精神とも密接にかかわった言動である。たとえば茶人の名言としても伝わっている「一期一会」のように現代の暮らしにも伝わるような茶道の言説[*3]が、自然と立ち振る舞いにあらわれ、対人関係において品の良さと威厳を醸し出すような人物が、このシテで評価されるのである。

　菓子であれば先代から踏襲された顧客筋があり、茶道の家元や神社仏閣からの注文生産、もしくは、禁裏御用や幕府の御用によってつくられる菓子ということになる。また徒弟制度によってその技が継承されるといった経緯も重要となる。すなわち、それは京菓子の特異性に体現されている。こうして、家内的シテという「市民体＝シテ」においては、歴史的な経緯を有する京菓子、上菓子屋が上位に格付けされるといえよう。またこうした菓子が優れているといった評価は、メディアでの宣伝ではなく、信頼できる筋からの紹介や推薦などによることになる。そのため過去の取引に準拠して確立された老舗の商標（暖簾）が重要になる。つまりここでは、文化的ないし制度的に受け継がれた「伝統の精神」（慣行）による和菓子であるといえる。たとえば茶席の菓子の季節感や物語性の表現は、極端に簡略化され、抽象化されている。伝統的なアクターはこれを一瞥し、菓子が有する意味を読み取る審美眼とその「菓銘」と併せて興ずることができる。また薄暗い茶室の中で、天然光に映える菓子の色、時間、茶会という特殊な環境、静寂さの中で感じる味といったものも、お茶請けの和菓子とは異なる独自の評価基準を有している。

　茶席の菓子を誂える事業所では、このような意味や技術は「規矩を守る、守破離の精神」[*4] として、職人の和菓子づくりを通じて受け継がれている。こうして家内的シテのアクターによって共有された暗黙的な知識や情報の蓄積があり、これらが代々受け継がれるのである。家内的シテにおいては、現在の真正性は京菓子に顕著であり、本研究でも和菓子の真正性としてこの分析に多くの部分をあてている。

3-2　市場的シテ [cité marchande]

　次に「市場的シテ cité marchande」は、価格や利潤が評価され、その情報は貨

幣・価格において読み取られ、判断される。このシテにおける主体や事物、評価の対象は、市場的財やサービスである。偉大な者として評価されるのは、欲望を駆り立てる財やサービス、諸個人の利益追求を善とし、裕福な人がヒエラルキー上、上位に位置する。競合する欲望の対立は価格によって解決される。

このシテにおいて価値ある和菓子とは、市場において高値で取引されるもの、誰もが欲しくなるようなもので、市場で高価で取引されること、もしくはよく売れる和菓子であることが目安となるであろう。そして、和菓子をつくる製造者であれば、販売額が多く資金力のある裕福な事業者が偉大さを有し、価値を持つことになる。

また「市場のシテ」では、市場競争による貨幣的価値が評価の尺度とされており、「売れること」が基準となっており、部分的にブランドや名声の世論のシテと重なっている。価格を付けられているすべての和菓子は、程度の差はあれ、このシテによって価値が測られているともいえる。

3-3 工業的シテ［cité industrielle］

「工業的シテ cité industrielle」は、効率的な生産性により評価され、その評価は、数値で測定可能なものとなる。そのためこのシテは、工場や生産システムといった道具や手段、組織、プログラム、メソッドがその主体や事物、評価の対象となる。偉大な者は、管理、監督、責任者であり、物であれば、計量的に把握できる規格への適合性、均質性を価値としている。このシテによるとマニュアル化され、衛生的であるといった価値、そして、均質に量産化される和菓子に価値が与えられるだろう。他の章でも指摘されているように、製餡機や包餡機の導入もこうした和菓子の大量生産・大量消費に対応したものである。

したがって、このシテによって評価される和菓子は、計画的で品質管理システムによる製造過程の管理が行き届いたもの、数量、重量、糖度が均質であること、かつ衛生管理マニュアルなどによる衛生面、安全が担保された菓子で、これらの規格や指標に合致したものとなる。工業生産過程では効率性と衛生管理が重視され、包装材や添加物（保存料）による賞味期限の長期化を通じた品質管理が徹底されている。こうした長期保存可能となった製品により商圏が拡大されることになり、市場のシテとも親和性があるシテとなる。

昭和中期ごろより、多くの和菓子は工業化の段階へと移行した。ここでは、一貫した製造工程、腐敗しやすさをカバーする加工と包装材などの革新によって、量産化が可能となった。そのため和菓子は、次第に工業製品的な均質性を持ち画一化された商品に変容し、さらに流通網の発展は、量産に適した小豆の仕入れやコスト削減、販売先の拡大が実現することになった。

　ここに和菓子の材料となる小豆は北海道産もしくは外国産への移行が見られ、小豆の国内生産も産地の北海道への集積が起こり、北海道では産業化された栽培が進み、丹波や備中といった伝統的な有力産地においては家内労働的な栽培がわずかに継承されてきた。このような農作物の生産方法の変化は、トラウトン（Troughton:1986）のフォード式農業の研究によって裏付けられている。トラウトンによると、農業の産業化は先進国に顕著であり、資本投入による集約化、スケールの拡大が起こると述べている。このように「工業的シテ」によって評価される和菓子の特徴は、「家内的シテ」による和菓子の評価原則とは相反している。

3-4 インスピレーションのシテ［cité inspirée］

　「インスピレーションのシテ cité inspirée」は、創造性、インスピレーションによって判断される。その主体や事物、評価対象は、情熱的に打ち込んだ対象であるが、理解や評価が難しいもの、凝固していないもの、形式的でないものなどである。またその関係性は、情熱、イメージによる。また偉大な者は、測定尺度を逸脱し、インスピレーション、イノベーションをもたらす能力で評価される。ここでは独創性のある、食べるアートとしての和菓子が価値を持つ。

　本書では「アート化」「創作」という表現を用いているが、アートの定義は、幅広い。そのためここでは、和菓子のアート化として古典的な茶席の菓子にもちいられてきた意匠以外の表現となっているものを指すことにしたい。現代芸術の領域において、高級文化と大衆文化の区分の再考を促した「ポップ・アート」が登場したように、和菓子業界にも新たな価値観を生成する動きが起こっているのである。

　ただし、菓子は伝統美が表現された茶席のものであっても、職人によって同じ型のものが客数分を誂えられるといった特徴からも、一点もののオリジナルである芸術作品とは異なっていることが理解される。また鑑賞を目的とした菓子である工

芸菓子は、一点ものとなるであろう。しかし販売は基本的には行っておらず、あくまでも職人の技術向上、菓子博での創作や発表といった目的や店内の彩りを添えるといった意味で製作されている。

3-5 プロジェクトのシテ ［cité par projets］

「プロジェクトのシテ cité par projets」は、ある人が有する相互作用的能力によって判断され、これは、情熱を伴った紹介のネットワークによって伝えられる。またその主体や事物、評価対象は、プロジェクトである。またこれらの関係性は、ネットワーク、チームにある。ここで偉大な者は、フレキシブルで、多能的で、人と人を仲介することで、次々とプロジェクトを指揮する有能なリーダーである。

プロジェクトの正当性の判断および価値概念は、「新たなプロジェクトに再び参加する能力である。プロジェクトの継起を通じて、結合をさらに増殖させ、紐帯から得られた情報や利益を他の者へと波及させる、その雇用能力を高め、ネットワーク全体をより豊かにすることで万人にとっての共通善に貢献する。」(Boltanski et Chiapello 1999 = 2013 : 374) といった点である。

さらに「プロジェクトは暫定的で短期的である。だからこそ、それはネットワーキングに調整されており、コネクションを増大させることで、新たなプロジェクトを開始させ、プロジェクトの継起がネットワークを拡張させる。」という短期で連続的に起こるという活動形態を特徴としている (須田・海老塚2013 : 37-38)。

このような特徴によって、現在、百貨店で開催されているような和菓子のイベントは、次々と目新しい創作和菓子をつくりだし、また顧客を巻き込むような仕掛けやプランを提供している活動形態そのものにおいて評価されることになる。またこれらのイベント、プロジェクトの顧客は、こうした活動に共感する愛好家たちであり、これまで和菓子に興味関心がなかった顧客層、若い世代を取り込んでいる。そのため、プロジェクトのシテによって評価されるものは、次に紹介する世論のシテによっても説明可能となる和菓子の形態となっていることも理解できよう。

3-6 世論のシテ ［cité de l'opinion］

「世論のシテ cité de l'opinion」は、名声、他者による認知が偉大さや価値をも

たらす秩序である。このシテにおける主体や事物は、メディアでしばしば取り上げられることで評価される。瞬間的に有名になった人や物事、ヒット商品など、流行しているものに例えられる（Boltanski et Thévenot:1991）。

また情報は、意味を持つメッセージ性、影響力として伝わる。そして、これらの関係は、影響力やコミュニケーション・ツールとしての役割、ブランド力により示される。企業のブランドイメージなどは、影響を受けやすい人々が、今度は発信者となって、その評判を確かなものにするといった効果によって生み出されているという（Boltanski et Thévenot:1991）。

ここで偉大な者として評価されるのは、メディアで話題になっていること、人々が話題にし、影響をおよぼしているヒット商品や時の人、つまり知名度である。贈答用に和菓子を、と考えた場合、すぐに消費者の頭に浮かぶような有名な和菓子事業所のそれが該当しよう。もっとも、この事業所が伝統的暖簾により有名である場合、家内的シテとも関連づけられるし、この暖簾がブランドとして市場価値を持つ場合、市場的シテとも関連づけられる。

そして、近年重要性を増大させているソーシャルメディア（Twitter、Facebook、Instagram）などの物理的インフラによっても支えられるようになっているといえる。

3-7 公民的シテ［cité civique］

「公民的シテcité civique」では、集合的利益によって判断され、その情報は形式によって伝えられる。ここでは、自己犠牲によって集団的な行動を行い、集団的利益が評価される。またその対象となるのは、ルールや形式的手続き、そして規則に対応することである。ここで偉大な者とされるのは、集合体の代表者であり、公民を組織し、結束した集合体、さらに構成員が平等であることとなる。ここで上位に格付けqualificationされるのは、共食することによってもたらされる連帯感や帰属意識の効果となる。

このような大衆の集合的意識が現れる機会、あるいは大衆を動員する何かの宗教の大祭、組織の節目となるような行事には、日本では、参加者に日本酒をふるまい、和菓子を配布するといったことが行われていた。これには、参加を動員するインセンティブとしての役割があり、またその参加のしるしとなった。そのため、かつ

ては人々を魅了した酒や菓子といった嗜好品の存在は、大衆を動員し、統率する
ツールとして何らかの効果があったと考えられる。桜井（1975）は、仏教の伝来と
ともに日本に伝わってきた「縁起」という概念は、宗教的価値にとどまらず、俗語
で「えんぎがよい」「まんがいい」といった言葉に表されるように、幸福や財貨を
願った庶民の生活に根付いたと述べている。紅白饅頭などもこうした縁起が良い
ものとして、参加者に配布されていた時代があった[*5]。かつては、小学校の運動会
や卒業式で児童に配布される紅白饅頭、各種式典や「敬老の日」など、多くの人々
が集まる席で配布される菓子などもこれにあたる。

　またボルタンスキーとテヴノ（1991）が提示したシテ概念が基盤とする民主主義
とは異なるが、戦時中には、当時貴重であった羊羹が兵糧として用いられて、軍
隊の士気を高めていた。これは勝つことが共通の利益となるからである。この軍用
羊羹の歴史も興味深いものがある。しかし、現在の和菓子にはこうした影響力や
機能は薄れ、わずかに「紅白饅頭」「葬式饅頭」などが、これらのなんらかの人々
のつどいや集会に参加の「しるし」として用いられるようになっている。

　以上、このようにシテ概念によって、現在の和菓子業界は、多様な和菓子の価
値評価基準が併存していることがわかる。もちろん現実の和菓子事業所はこれら

表　理論編　ボルタンスキーとテヴノのシテcité 概念について

シテ	評価様式	対応する情報形態	対象	基本的関係	人的資格
家内的	家父長制的ヒエラルキー、真正性	口頭、例示、逸話	伝統に固有な資産	信頼	権威
市場的	価格、利潤	貨幣	市場、財・サービス	交換	欲望、購買力
工業的	安定性、生産性、成果、効率	測定可能、統計	技術的対象手法、標準	機能的統合	職業的能力
インスピレーション	創造性、自然の均衡、独自性	情動	情熱的に打ち込んだ対象	情熱	創造性
プロジェクト	相互作用的能力、情熱	紹介	プロジェクト	ネットワーク	リーダーシップ、紐帯
世論	名声	意味	記号、メディア	コミュニケーション	認知能力の同定
公民的	集合的利益	形式	ルール	連帯	平等

出所）Allaire et Boyer (ed) (1995) および、Boltanski et Chiapello (1999) より作成

のいずれかのシテに専一的に分類されるわけではない。たとえばある企業は茶道家元との代々の取引関係を維持している一方で、その評判によって多数の顧客を獲得し、一般消費者向けに効率的な量産的生産方法を採用しているのであって、ここにも複数のシテの妥協と合成が見られるのである。

4. 和菓子の変化と価値づけ論

　本書の後半で取り上げているように、近年の和菓子業界において、上生菓子、とりわけ茶席の菓子の概念を覆すような変化が起こった。これは、京都の「日菓」のユニットの活動がきっかけとなったと業界では認識されている。一方で、和菓子を伝統的な暖簾の価値から、職人個人のオリジナリティを基盤とし、現代社会、生活に即した菓子として提示されたのが「wagashi asobi」のユニットの活動である。

　他にも和菓子事業所とデザイナーとのコラボレーションや、「菓道家」として和菓子を魅せる活動を行っている三堀純一氏（4章4参照）のように優れた技術を持った和菓子職人がパフォーマンスとして和菓子の造形美を提示する活動を行う和菓子の形態が見られる。また百貨店では、老舗和菓子事業所の若主人、後継者が連携し、顧客に直接和菓子づくりの驚きや感動を与えることによって新たな需要を生み出すといった「活動」に価値を置く動向もある。

　このような活動やアート化する和菓子の登場は、前述したように「インスピレーションのシテ」や「プロジェクトのシテ」といったシテ概念で説明が可能となる。これらの価値づけは、近年のソーシャルメディアである、FacebookやTwitter、Instagramによって行われているといった傾向がみられる。とりわけ「インスピレーションのシテ」での和菓子は、その伝統性、物語性というよりは、「インスタ映え」という言葉が示すとおり「見映え」によって、評価され、価値づけられているのである。

　こうした状況をコンヴァンシオン理論のシテ概念の枠組みで捉えると、戦後から近年まで、「工業的シテ」と「市場的シテ」との妥協がこれまでの和菓子業界を支配しており、京菓子などの「家内的シテ」に基づいた真正性の追求も併存しているという状態であった。そして今日では現代アートのような和菓子やイベントなど

のプロジェクト、「インスピレーションのシテ」と「プロジェクトのシテ」が、新しい和菓子の価値づけアクターとして、職人側、消費者側ともに登場させているのである。この場合、和菓子の真正性の一つの要素をなしてきた職人技が、和菓子のアート化を通じて和菓子を和菓子とさせるコアをなしているといえる。

　そして和菓子の「真正性」については、スプーナー（Spooner:1986）の研究にある「ペルシャ絨毯」のように、製造技術の革新や消費者の価値づけと価値づけ活動の変化によって、生産者と、卸業者、伝統的需要者、一般的消費者、さらに諸外国を含んだ潜在的な需要者との間で産品の真正性の価値づけが、ソーシャルメディア等を媒介としつつ交渉され続けることになると考えられる。

　このような近年の一般社会からの価値づけの在り方については、国際的な隆盛を見ている価値づけの理論によって説明できる。プラグマティズムの代表的な研究者であるデューイ（Dewey:1939）が示す「価値づけること value」という単語は、大事にする honoring、尊ぶ prizing という情動的な意味と、格付ける rating、鑑定する appraising という認知的、知性的な意味を併せ持ち、いずれにしても value はこれらの類似した単語と同様、動詞として使用され、価値はつねに価値づけの「活動」と不可分なものであるとする。デューイの価値づけ論は決して古びた議論ではなく、現代において消費者によるインターネットでのランキングサイトやソーシャルメディアでの情報が経済活動に際して重要性を増していることからも、このことが伺われるのであり、こうしたオンライン格付けが、格付けること rating や鑑定すること appraising に新たなデータベースを供給するのである。

　ミュニエーザ（Munieza:2012）は価値を巡る議論に絶えずつきまとう客観的価値（古典派の労働）や主観的価値（新古典派の効用）という二項対立を退け、価値概念を価値づけの「活動」へと代替させるのである（須田・森崎:2016）。和菓子に真正性という価値があるとすれば、それは和菓子というモノの中にではなく、この事物の原料生産から消費にかかわる多様なアクターたち（実践の共同体）による価値づけの活動の（暫定的で、一時的な）帰結として、それは、あるのである。

　また和菓子の新しい価値づけは、伝統的な和菓子の価値とのコンフリクトを生み出す。ここでは、プロジェクトのシテ、インスピレーションのシテ、そして世論のシテ、市場のシテによる評価が影響し合い新しい価値が生まれていると捉えること

ができる。こうした現象について、スターク（Stark:2009）は、シテ概念のような複数の評価基準の間での摩擦と不協和が、多様性を生み出し、社会的レベルでの適応能力を構築しているという。和菓子業界における価値の相違は、多様性として捉えることで、イノベーションを生み出しつつ、次世代に伝統文化が継承される一つの過程であると考えることができよう。

　京菓子をはじめとして、旧城下町で茶道や神社仏閣との取引で家内的シテによる真正性の価値を有する伝統的な和菓子はもとより、創造都市の活動の事例にみられるように、文化芸術が経済効果をもたらし、地域の再生に寄与しているといった点からも、インスピレーションやプロジェクトによって創造的価値を伴うような和菓子は、地域との繋がりを持つことで、地域経済振興に寄与する「公民的シテ」の価値との合成も期待されよう。ソーシャルメディアの発達など、新しい技術的な支援を得て、和菓子はなお、絶えず増殖しつつある多様なアクターたちの価値づけ活動によって、進化の途上にある。

　現在の菓子業界をコンヴァンシオン理論や価値づけの理論的枠組みを用いて概観することで、和菓子の評価と価値づけフレームワーク＝コンヴァンシオンの間での「摩擦」と「不協和」を生じつつ、また和菓子産業における適応能力の向上をもたらし、次第に経営形態と和菓子の品質そのものに多様性を生み出していることを確認することが可能となった。またこうした脱工業化社会への移行と、グローバル競争が激化する時代において、カルピーク（Karpik:2007）が述べる「特異性」が、非物質的な価値としての真正性を示すことができる。また近年の和菓子に見られる萌芽的変容は、情報技術の進展によるインタラクティブな感情、反応の相互共有によって創造的な発展へと和菓子を導く。このことはスターク（Stark:2009）によって説明されるように、伝統的な価値づけとのコンフリクトによって創造されるのである。こうした動きは、現代社会における和菓子産業における新しいビジネスモデルの萌芽であり、消費者からのニーズを示していると捉えることもできる。

　このようにコンヴァンシオン理論は、和菓子のみならず他の伝統産業、工芸品の分野における創造産業化を明らかにする有効な分析手法として今後さらに活用の幅が広がると考えられる。

* 1　「コンヴァンシオン」は、日本語に置き換えることに困難を伴うものであり、現在は、おおよそ「慣行」と訳されている。社会の様々な慣習、考え方、相互関係、調整（妥協）と競争、によって、財やサービスの経済的特質が構築されているイメージを持つ言葉となっている。

* 2　日本においても、「日本ワイン」の発展に尽力した麻井（2001:30）は、ワインのラベルをはずして、それぞれの香味を唎いでみると、感知されるのは、タイプの差であり、これを価値の差に変換するのは、文化である、と述べている。たとえば、「ワインは、降雨量や日照時間、積算温度などの気象データをそろえ、さらに土壌成分やロケーションに意味づけしてみても、風土の本質的な理解にはほど遠いのである。そのようなところからでは、良いワインがなぜ生まれてきたか説明することはできない。（中略）良いワインは、良いワインを認め、それを求める飲み手がいてこそ、存在しうるのである。（中略）しかし、ワインの固有性がワインの名声となるのは、自然の側からの作用ではなく、人間の側からの選択であったことを忘れてはいけない。固有の品質を維持し続けること、名声を保ち続けることとは、本来、繋がっていないのである（1983:89-90）」。

　　さらに日本酒についても、「歴史に灘酒が勃興するのは、まさに江戸の文化が灘の新しい酒づくりを評価したからであった。通俗的には、灘酒の名声は宮水によって支えられていると断言してよい。それほど、「宮水」の存在は灘の風土性に強烈なイメージを与えている。しかし、灘酒が江戸の趣味人にもてはやされたのは、精白を強く、汲水を多く、旺盛な発酵を遂げさせる造り方にあった。灘の酒の名声が高まれば、他の産地もその手法を真似るようになる。その時どうしても同じにならないものとして最後に残ったのが醸造に用いる水であった。ここに灘を追って、灘に及ばない理由がある。「宮水」の存在はこの段階にきて、はじめて意義を持つのである」（浅井 1983:95）と述べているのである。

* 3　田中仙堂（2010）『茶の湯名言集』角川ソフィア文庫などに詳しい。当時の上流階級の交誼のあり方、手本が読み取れる。

* 4　守破離（しゅはり）は、剣道や茶道など、修行や学びについて示している言葉。「守」は、師や流派の教え、型、技を忠実に守り、確実に身につける段階。「破」は、他の師や流派の教えについても考え、良いものを取り入れ、心技を発展させる段階。「離」は、一つの流派から離れ、独自の新しいものを生み出し確立させる段階とされる。

* 5　これらの菓子は、地域差を考慮しても、おおよそ、この和菓子が持つ意味は共通している。饅頭が白色と薄紅色の組み合わせであれば、祝いや喜びを示している。白色と淡黄（たんこう）、もしくは薄緑色との組み合わせであれば悲しみを示している。2個もしくは5個がセットになっている。材料は、皮は小麦粉もしくは薯蕷を使ったもので、中に小豆の餡が包まれている。他にも、「薄紅色」や「桜」であれば春をイメージし、「蓮の花」「菊」「萩」であれば、これらは仏教的な意味を持ち、弔事を示している。「鶴」「亀」「松」「梅」のモチーフであれば慶事である。様々な行事で用いられる和菓子は、そのモチーフによっても感情を共有しているといえる。かつては、結婚式の「引き菓子」は、「三ッ盛」「五ッ盛」と呼ばれる羊羹と鶴や梅、松などをかたどった菓子の詰め合わせであった。これは長く日本人の社会的な慣習であったが、今では「引き菓子」には洋菓子が選択されることが多くなっている。

第3章

京菓子の世界

暖簾、職人技、伝統美

戦後、多くの生活用品は、職人の手仕事から工業製品へと変化した。また2章でも確認したように、和菓子においても同様に工業化し、材料についても産地の集約化が進展してきた。しかし、こうした生産の変化の過程において他の産品は、「伝統工芸品」および「美術工芸品」、または「民芸品」として定義されるなど多くの議論がなされてきた。和菓子にも伝統的な職人技や美的な要素が受け継がれてきたのであるが、他の伝統工芸品に比較すると、その価値や意義が検討されてこなかったといえる。その職人技の特異性が注目されるとしても、資本主義経済のなかでは、和菓子は他の伝統的産品よりも「商品」としての特徴が色濃く、シテ概念で捉えると市場的価値が重視される。たとえば、一方での安価な和菓子がコンビニエンスストアの棚に並び、他方では高価な和菓子が百貨店で販売されるというように、和菓子の価値は何よりも価格で示されている。

　しかし、すでにフランスなど西洋諸国では、フォーディズム的経済からポスト・フォーディズム経済、知識情報経済化社会への移行の過程で、農産品や加工食品についてもその財の真正性、地域に固有な文化や景観、生産消費慣行と密接に結びついている点や歴史的に構築されてきた伝統的かつ文化的事物が国および地域経済の文化資源として捉えられ、高付加価値化が図られている。このように国際的に無形の文化遺産が重視されている現在、日本の職人技と造形美が受け継がれた伝統的な「菓子」についてもその価値や真正性を検討しておくことが必要になってくるのではないだろうか。

　和菓子の歴史、茶の湯との関係を鑑みると、菓子の文化は市場原理によってのみ発展したものではないことが示される。とりわけ京菓子は朝廷や宮中行事の菓子、茶の湯の菓子として、極度に制度化された背景の下でこうした真正性の価値づけがなされていると捉えることができる。

　もちろん1章で見た郷土菓子も、また地域に根ざした「おらが町の饅頭屋」も、それぞれのアクターたちによって「真正である」と価値づけられてきたのである。

　そして現在、萌芽的に現れている新しい形態として注目されている和菓子の価値についても、伝統的な和菓子の真正性とは何かといった点を検討することによって明らかにすることができる。

本章では、京菓子がどのようなアクターたちによって、その真正性と価値づけが行われてきたかを、歴史的由来、伝統的な製法や意匠、材料、職人技、道具などを中心に検討を行い、京菓子を真正なるものとさせている要素について検討する。

　分析に際しては、ボルタンスキーとテヴノ（Boltanski et Thévenot:1991）によるコンヴァンシオン理論のシテ概念のうち、京菓子の場合、伝統的な近接性や信頼による正当化、つまり「家内的シテ」の原理による説明が多くの部分を占めるが、カルピーク（Karpik:2007）の特異性の経済に関する議論を適宜参照する[*1]。カルピーク（Karpik:2007）が述べるように、客観的な数値（和菓子であれば、材料やその配分、製法、または味わいといった官能試験）では測れないような特異な財の真正性を正確に、その産品の構成要素へと分解するのは困難である。京菓子の真正性を担保しているのは、一言でいえば暖簾である。そのために京菓子の老舗事業所からのヒアリング調査によって「家内的シテ」の上位原理によって、いかに京菓子が説明できるかを示すことにする。

1. 京菓子の原点

　歴史的には、「京菓子」は、御所を中心に発展した有職故実の菓子、神社仏閣の供物、そして茶の湯という三つの領域で発展してきた。

　有職故実の菓子については、信仰上もしくは日本には砂糖がなかったこともあり、朝廷や宮中の行事において果実、そして餅や餅菓子が儀礼の機会に使用されてきた。やがて砂糖が流通し始めるや、これが菓子にも使用されるようになり、まだなお希少であった砂糖の使用をめぐって権力と菓子との関係がより緊密になった。このように菓子は、それを食する人の権威を誇示するための象徴財でもあった。

　藤本（1968）によると、有職菓子は、有職故実にちなんだ菓子のことで皇室との関係が深く、各流儀の有職故実家（有識者）[*2]の教えを受けてつくられている。有職は、禁裏の政（まつりごと）に不随しての諸儀式の内の御調度品の大部分を指すため菓子はその一部である。また方式はそれぞれの時代で異なり

変遷している。こうした菓子は、明治時代以降、上菓子屋でも異なった理解がされているものがあったとのことで「礼式菓子」、「供饌菓子」、「献上菓子」との違いに注意することと指摘されている。また王朝時代には饗礼と呼ばれ、支配者層、町人・富豪の間で行われた客を招待する饗応の食膳に上がる菓子「饗応菓子」との違いにも注意が必要であろう。

神社仏閣の供物である「供饌菓子」は、平素は簡素なもので、大祭、大法要、御忌などの重要な儀式に供饌として豪華なお供えがされ、神仏、各宗派でそれぞれ独自に故実と古式を尊重して伝承されたものとなっている（藤本：1968）。

また現在も京都と大阪をふくむ関西地域は「茶の湯」の発祥の地として、その文化が継承されている。とりわけ京都は、近代以前から表千家、裏千家、武者小路千家、藪内家などの茶道諸流の家元の膝元であった（齋藤：2009）。こうした点からも、京都における茶道の菓子つまり茶席の菓子の発展と評価のあり方、そして京菓子の特異性を指摘することができよう。

これら御所や神社仏閣、茶の湯の需要によって、格調高い品質の菓子をつくってきた歴史も、現在の京都の菓子を価値づけている要素の一つとなっているといえる。以下では、京菓子の歴史と発展にかかわる4つのエピソードを手短に紹介したい。

1-1 川端道喜の餅菓子

2章で検討したように、現在、和菓子の消費が高くなるのは、節句がある月となっている。たとえば、3月では、草餅、ひちぎり、5月は粽（ちまき）や柏餅など、「もち米」を使った和菓子などを食べる機会とされている。これらの和菓子は、分類上は「餅菓子」である。それぞれの餅菓子を食べることに意味や由来があり、親から子へ受け継がれてきた習慣となっている。

餅菓子は、現在は和菓子屋でも販売されているが、かつては餅屋の領域だった。京都では現在も菓子屋と饅頭屋、餅屋が区別され、これらはそれぞれのアクターによって認識され、用途によってそれぞれが格付けされている[*3]。また1章で確認したように、民俗学の研究においても、日本人は、人生の通過儀礼に用いるのは、「餅」や「赤飯」であり、正月に餅を食べる習慣は、現代まで

連綿と続いている[*4]。

　倉林（1983）によると、日本の宮廷の儀礼は、奈良朝である程度の形が整い、その上に隋・唐の先進儀礼を摂取し、その後平安期になって日本の固有儀礼が生まれた、とする。餅の記録も奈良時代の法令『養老令』（718〈養老2〉年）の官位令および職員令、大膳職（おおかしわでのつかさ）のなかに「主菓餅」という役職名があり、これが文献に見る餅の初出といわれている（渡部・深澤：1998）。平安時代になると『延喜式』（927〈延長5〉年）に制度として餅が使用される行事が記録されている。倉林（1983）によると、宮中の年中行事は「表恒例年中行事」と「奥恒例年中行事」に分けられている。これまでの研究では「表恒例年中行事」が中心であったのだが、前述した民俗学で研究されているような民衆の年中行事も宮廷儀礼のなかの公事（くじ）ではない行事として「奥恒例年中行事」に取り入れられ、平安時代から民俗行事と宮廷儀礼は、相互に密接に関係しながら発展したという[*5]。

　宮中の「奥恒例年中行事」を中心に餅を納めてきたという記録が残されている「川端道喜」（かわばたどうき）と呼ばれる京の餅座を起源とする御粽司（ちまきし）がある。「川端道喜」は現在も営業を続けているため創業から500年以上となる。林（1996）は江戸期の宮廷生活と餅のかかわりを「川端道喜」に残された御所の年中行事の記録『御用記』『御用永代要聞記』、そして、絵巻物として記録された『御定式御用品雛形』を中心に分析している[*6]。

　室町幕府認可の「餅座」の権利を得た渡辺進の娘婿を初代道喜とし、初代は1570（永禄13）年〜1592（天正20）年ごろ活躍したとされる[*7]。現在も販売されている粽は、初代道喜が奈良吉野より禁中に献上されていた葛粉を用いての御用を賜り、京洛北の笹を用いて粽を調整したことに由来するという[*8]。この粽は、笹の成分の効用によって保存性と香りが素晴らしく、「御所ちまき」「道喜ちまき」と呼ばれ愛好され、他の地域にまで知名度が広まったといわれる。

　川端道喜の特筆すべき歴史は、室町時代から明治維新まで続けられたという「御朝物」（おあさのもの）の献上についてであろう。朝廷の行事に精通していた下橋敬長氏の談話をまとめた書物に次のように記されている。「御承知のとおり、（将軍が）十二、三年も彼方此方と逃げてござる時分でございますによって、失敬な話ですが、自分の三度の食事もしかねておる。なかなか天子をお養い申すところの

写真3-1（左）現在販売されている川端道喜の
「水仙粽」1セット
写真3-2（右）川端道喜の水仙粽

話ではありませぬ。従って御上においても、恐れ多くも、殊のほか御難渋を遊ばされまして、召し上がるものがございませぬ。ところが、河端道喜〔ママ〕という、これは俗に餅屋でございますが、桓武天皇様が大和国から山城国長岡へ御遷都のときから、御供をして来たと申すのが、河端の家の申し伝えでございます。格別の御由緒がございますから、『おあさの餅』というものを拵えまして献上いたします。その餅は、まず普通の団子くらいの大きさで、外に餡がたくさん被せてあります。それも砂糖のない時分でございますによって、塩餡でございます。これを数六つ、五つとか、七つとかにしたならば、数が宜しいように思いますが、数六つを献上いたしまして、申し伝えによりますと、朝廷御難渋のころには、『朝のものはまだ来ぬか』とおっしゃって、恐れながら主上がお待ちかねであったということでございます。」（下橋：1979：6-7）。また「明治二十八年に大本営を京都に置かれました時に、明治天皇様の行幸がございました。そのときにも相変わらず献上をいたしました。」と記載している。さらに「それから河端道喜は、足利時代から御維新まで、『おあさ』という物を上げました功労によりまして、維新後特別をもちまして、氏族に仰せつけられ金五百円を賜りました。今日では京都府氏族河端道喜でございます。そして唯今でも京都へ行幸の際には、必ず『おあさ』を清らかな唐櫃に入れて献上いたします。これはま

ことに昔を思う感心なことでございます」（下橋：1979：12-13）。

　また『御用記』によると道喜が御所に餅や赤飯などを納めていた行事は、即位や新嘗祭、人生儀礼として、誕生、御七夜、宮参、元服、月見、学問始、婚姻、葬制、そして祭祀信仰、年中行事（正月、節句など）ほか多数である。たとえば、節句の粽は、百把（1把10×100で1,000本）の粽が飾られたという壮大なものだった。また亥の日に餅を食べると万病除けになるとして伝えられている行事の玄猪の餅は、碁石ほどの小さな赤・白・黒の三色の餅を柳製の臼に入れられ、天皇が自ら豊作を願う語を唱えながら搗き、その後、臣下に下賜されるものとなっていたと記録されている[*9]。

　こうした宮中の行事に使われていた餅の記録から、倉林（1983）が述べているように現在も日本人が節句に「餅」や「餅菓子」を食べる行為は、御所の行事から伝わったものが多いことが示される。

　初代川端道喜は、茶人（武野紹鷗や千利休）と交流があったとされるが、川端道喜が茶席の菓子を多く誂えるようになったのは、御所が遷都の後、明治以降である[*10]。現在、裏千家の茶道の初釜で用いられる菓子、一般にも正月の菓子としてよく知られるようになった通称「はなびら餅」[*11]であるが、これは、川端道喜が御所に納めていた正月の行事に用いる「御菱葩」が起源であり、「宮中雑煮」「包み雑煮」ともいわれる。

　この「御菱葩」は、明治初年、裏千家家元が宮内省の許可を得て以降、茶道の初釜に用いられるようになったことがきっかけで、その後全国にこの菓子が広まった[*12]。この通称「はなびら餅」に代表されるように、餅菓子類は、日持ちの点からも大量生産に不向きである。しかし、川端道喜では、現在は茶道などの顧客筋を中心とし、添加物などを使用せず、伝統的な餅菓子づくりを継承し、その材料と製法の維持に努めている。

　川端道喜は、政（まつりごと）をはじめ、宮中の暮らしに根ざした行事に密着した位置で活躍してきた御粽司であった。

　こうした歴史から、現在においても節句などの年中行事の和菓子は、「餅・餅菓子」が中心であり、現在のお茶請けとしての「菓子」とは位置づけが異なっていたことが示されている。

1-2 虎屋の菓子

　菓子については、青木（1997）が、禁裏御用を務める菓子屋の変遷を調査している。1600（慶長5）年ごろの御用菓子屋は虎屋と二口屋があり、1635（寛永12）年の記録では、とら屋吉左衛門と二口屋長吉が、1701（元禄14）年の資料からは、虎屋近江、二口屋、桔梗屋土佐、橘屋伊勢が御用を務めていた。1773（安永2）年の史料では、虎屋近江大掾、松屋傳兵衛、1853（嘉永6）年では虎屋弁十郎、二口屋（黒川）政太郎、1860（万延元）年頃に虎屋近江、二口屋照次郎、1868（明治元）年頃黒川光正、黒川光保が御用を務めたと調査し、菓子の禁裏御用を一貫して務めているのは虎屋であると記録をまとめた。

　御用の菓子とは、たとえば虎屋が御用を始めた記録として、1635（寛永12）年9月女帝・明正天皇が、父君である後水尾上皇の御所へ行幸されたさい、5日間の滞在で二口屋という、当時ともに御用を務めていた菓子屋と一緒に納めた菓子が「院御所様行幸之御菓子通（いんのごしょさまぎょうこうのおかしかよい）」に残されているという（黒川：2005）。

　この御用の菓子は、大饅頭（2,500個）、薄皮饅頭（1,475個）、羊羹（538棹）ほか多数、代金は二口屋とあわせて銀2貫749匁3分で、虎屋にはそのうち1貫260匁8分、金に換算すると25両、米貨に換算すると250万円になる額であった（黒川：2005）。こうした虎屋の御用の歴史は、虎屋の菓子資料室（アーカイブス）である「虎屋文庫」の資料に詳しい。

　なお現在の「虎屋」は、高級羊羹の老舗として有名である。また企業化したことによって、全国でその高級羊羹、高級和菓子が販売されている。これらは、重要な機会における間違いのない贈答品として認識されている。

　余談であるが、明治維新後、御所との深い繋がりを有していた「川端道喜」が京都に残ったこととは対照的に、天皇にお伴して東京にも出店し、現在もそのブランドゆえに大量の販売に応えるような近代的な製造ラインも完備し、名実ともに大規模な老舗企業となっている。両事業所の展開は、日本における近代の「甘さと権力」（S.ミンツ）の錯綜した関係を考えるとき、感慨深いものがある。

1-3 砂糖と上菓子屋

　江戸後期になり、砂糖の流通量が増えることで菓子の技術も発展した。一方

で日本では、砂糖の生産が難しく、金や銀との交換による輸入に依存していたため、江戸時代後期まで砂糖はたいへんな貴重品であった。砂糖の輸入量の増加とともに金銀銅が流出したため江戸幕府は、砂糖の輸入の制限と国内での生産が試みられた（会田：2000）[*13]。こうして、江戸幕府は、白砂糖の使用を制限しつつ、優れた技術や取引先を持つ菓子の事業所を限定することとなった[*14]。この白砂糖の使用を認可された菓子屋は248軒、このうち28軒を禁裏御用の業者とし、また菊花の御紋章を附することを差許され（菓匠会：1987）、これらの菓子屋が「上菓子屋仲間」と呼ばれたのである（上菓子製造組合創立）。白砂糖の使用が他の菓子屋で禁止されただけでなく、菓子をつくる道具、たとえば、大型の落雁をつくるための木型なども「上菓子屋仲間」以外には売らないことが決められていた（青木：2000）。

　明治維新の混乱を経て、1895（明治28）年に上菓子屋仲間のなかから、禁裏御用（朝廷や皇室の菓子をつくる出入り事業者）を中心に品質の良い材料と儀式典礼の菓子をつくる技術などを継承する趣旨で「京都菓匠会」が結成された。有職故実による儀式典礼に用いる菓子、または茶道に用いる菓子の販売を営む者が規定の検査を受けたうえ、加入金によってメンバーとなったことが『菓匠会』(1987)の記録に残されている[*15]。現在も年に2回開催される献茶祭の協賛席において、「菓題」による作品を展示している。ここでは伝統を重んじつつも最新の意匠の傾向を知ることができる貴重な機会となっている（写真3-3～3-6）。京菓子の研鑽を中心に活動を継承している「菓匠会」は、京菓子の真正性（ほんものらしさ）を担保していると思われる。

　こうした由緒のある菓子屋、そこからの暖簾分けによる菓子屋では、菓子は茶（茶の湯の言説）に沿うものであり、奥ゆかしさを美徳とする。したがって上菓子屋の流れを汲む菓子屋が自らそれをはっきりと名乗ることは少なく、外部のアクターにとって象徴的要素を自らつくり出している和菓子屋との区別を難しくしている。しかしそのために代々取引関係のあるアクターによって価値づけられてきたといえるだろう。たとえば、1804（文化元）年創業の御菓子司の「亀末廣」は、現在も目の前のお客様を大切にしたいと、茶人を中心に近隣の顧客を中心とした商いを継続している。そのため自らインターネットのシステムを使った通信販売や百貨店を通じての取引を行っていない[*16]。しかし、顧客筋は

写真3-3（左上）献茶祭協賛席「同人作品展示」の招待状
写真3-4（右上）2014年12月1日会場 北野天満宮 絵馬堂
写真3-5（左下）夏は八坂神社境内で開催される
写真3-6（右下）菓題「京の師走」

　途絶えることなく存在している。とりわけ茶人からの信頼は厚い。亀末廣では、材料の吟味、手間暇かけるといった工程を惜しまず、誠実な菓子づくりが継承されていると贔屓筋に伝えられているのである[*17]。

　こうした京菓子の風情は、暖簾の存在や町家といった物的な事物を通じて可視化されているケースもある（写真3-7〜10）。たとえば、京都に残る京菓子司の町家、そしてそこにかかる暖簾といった建造物は、その目印の一つとなる。悠久の年月を経た建物が手入れされて、独自の清潔感と雰囲気を醸し出しているのである。

　このような特徴は、ボルタンスキーとテヴノ（Boltanski et Thévenot: 1991）のシテ概念で述べるところの「家内的シテ」において偉大な者とされる特徴にあ

てはまる。ここで偉大なものとされるのは、自身の暖簾の格や取引先の権威によって「名門」であることを主張せず、周囲からの敬意、尊敬によって、より格調高い存在へと押し上げられるのである。またここで生まれる上流階級との交際は、共通の知識や所作を形成しているといえる。そして、京菓子の評価は、老舗の生産者や伝統的な需要者の間で暗黙的に共有され、伝えられてきた価値づけフレームとしてのコンヴァンシオンをなしていたといえる。また後述するクラブ財としての特徴にもかかわっている。

1-4 供饌菓子

　「神饌菓子」は神社に、「供饌菓子(ぐせん)」は仏に供える菓子のことである。各宗派とも大祭、法要、御忌などの重要な儀式には、供饌菓子として豪華に、また数多くお供えするものである。同様に「寺紋菓子」は、寺の儀式のときに使われる菓子で、寺によって形や文様が異なる。また「御紋菓子」や「御紋饅頭」は、皇室の「家紋」や神社仏閣の「紋」が入った菓子のことを指し、これらの行事の時に出される菓子である。

　とりわけ、西本願寺の年中行事で最大のものとなる「御正忌報恩講(ごしょうきほうおんこう)」(期間:1月9日〜16日)の供物である「御華束(御供物)(おけそく)」は、精巧な盛り付け、色や形、大きさが圧巻である。浄土真宗本願寺派は親鸞聖人を宗祖とし、親鸞聖人の報恩講がもっとも盛大な祭りとなる。この御華束(御供物)を調製し納めているのが、1421(応永28)年に始まったとされる亀屋陸奥(かめやむつ)である。亀屋陸奥は浄土真宗中興の祖といわれる8代門主蓮如上人の時代より本願寺に仕えていた。1570(元亀元)年から11年間続いた織田信長と石山本願寺(現在の大阪城の地)の合戦に、亀屋陸奥の3代目主人の大塚治右衛門春近が考案した小麦粉を練り麦芽飴と白味噌を混ぜて焼き上げたものを兵糧として食べて、籠城戦を勝ち抜くことができたと伝わっている。この戦いを行っていた第11代宗主顕如上人が、この菓子を食べながら当時の戦を思い出し、「わすれては波のおとかとおもうなり枕に近き庭の松風」と歌を一首詠んだことから、この菓子が「松風」と名づけられたと伝わっている(写真3-11)。

　それ以降、亀屋陸奥は、代々本願寺の「御供物司」となり、本願寺の供物調進や慶弔にかかわる諸事を取り仕切る役目を担うようになったという。西本願

写真3-7（上）亀末廣 外観
（看板には、「御菓子司」が彫られているが、現在の屋号には、これを入れていない）
写真3-8（下）亀末廣 店内
（店内には、商品を受け取るさいの待合の椅子が置かれている）

写真3-9（上）御菓子司塩芳軒 外観
（特徴的な「長暖簾」と有形文化財に指定されている店舗）
写真3-10（下）御菓子司塩芳軒 店内の様子
（町家、暖簾という象徴的要素、視覚的要素だけでなく、誠実な菓子づくりが伝えられている）

写真3-11 亀屋陸奥の「松風」

寺最大の行事となる「御正忌報恩講」には、「供笥」(八角形の台)と呼ばれる台に様々な菓子や乾物が盛り付けられたお供物を納めている。御正忌報恩講の千盛饅頭では、3尺7寸 (約1m12cm)、その他のお供物が1尺7寸 (約52cm) となっている (写真3-13、3-14)。

「御華束 (御供物)」の材料となるのは、「落雁」「松風」「州濱」「彩色餅」「白餅」「饅頭」「団子」「干柿」「銀杏」「蜜柑」などである[*18]。彩色餅や白餅は、西本願寺に寄進されたもち米でつくる。日持ちするものは、事前に準備が可能であるが、法要後は、「お下がり」として、門跡の方々が召し上がるものになるので、直前にならなければつくれないものも多い。また餅や落雁などすべて手づくりのため、写真のように美しく均質に飾り付けるには熟練が必要となる。しかし、亀屋陸奥の主人は機械の導入などは一切考えておらず、伝統的な道具を中心に手作業で膨大な数の落雁や餅をつくっている[*19]。

こうして出来上がったそれぞれの材料を行器に納め、「おふみ」と呼ばれる前日の本願寺でのチェックが行われる。こうした段取りを経て、西本願寺に「御華束 (御供物)」が運び込まれる (写真3-15～16)。その後、須彌壇に供えられる。須彌壇に左右対称に供えられた供物は、期間中に総入れ替え「盛替え」も行われる。その後、御供物ほどきによって、菓子が詰め合せられて、相応の方々に下賜される[*20]。

亀屋陸奥のほか、西本願寺には、お茶、お香、仏具などの御用達の業者が40社ほどあり、うち10社は西本願寺報恩講や降誕会などの行事で参拝客の

写真3-12 亀屋陸奥 外観

写真3-13（右）御華束
西本願寺で営まれる御正忌報恩
講法要やその他の法要で供えられ
るお供物の数々（亀屋陸奥提供）
写真3-14（左）須彌壇に供えられ
た御華束（亀屋陸奥提供）

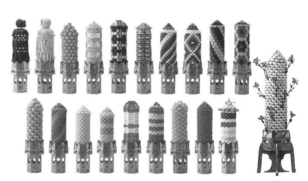

接待に出仕しているという[*21]。御供物司として、正月の鏡餅に使うもち米でつくった「おこころみ」（餡を包んだ餅）を12月28日に納めたり、親鸞聖人の誕生には「おたたき」など様々な機会に定式化されている献上がある。また他の月にもこれまでの門主の法要などが行われるため大小様々な行事で御用を務めている。

　京都では、このような寺と菓子屋の関係が多く存在し、暖簾分けなどによっ

て受け継がれている*22。

　京都にある臨済宗の本山、妙心寺の開山忌には「宇賀神、段餅、紅巻」など
の菓子が京都の御菓子司「末富」によって納められている。また奈良の唐招提
寺で5月19日に行われる「うちわまき会式」（中興忌）の野点の茶会に菓子を納
めるなど、茶会での御用も多い。末富の主人は、ある書籍に、寺の御用のお手
伝い、菓子を納める仕事は、単に商売ということではなく、家業としてのお付き
合いである、と記し、伝統の菓子の技を伝え続けてこられたのはお寺の行事
あってこそ、というものが少なくない、と述べている（山口 1990：112）*23。

　こうした菓子の製造が墨守されてきた歴史は、宗教的価値にとどまらず貴重
な文化遺産といえよう。

2. 象徴的要素と御用

　1-3に記載したように、江戸時代、白砂糖、氷砂糖の使用を許可された歴史
を有する菓子屋は、「御菓子司」と呼ばれていた。「御」は、御所の御用である
ことを指し、「司」とは、律令制の国司の一つである。すなわち、御所の御用を
務める官職を示していた。他にも、菓子屋は、守安（1965：640）が述べている
ように、「掾」「大掾」と呼ばれる官名を御所から授けられている。しかし、これ
は、官名と交換の「献金」の意味を持っていた。

　ほかにも、いくつかのヒアリング調査のなかでも、御粽司、御供物司、御菓
子司といった菓子屋が御所や公家、寺社に納める品は、「つけ払い」か「献上
品」となることが多く、または「何かさらさらと書いたもの（サインや絵画と同様
の価値をもたらすとして）」で、お代の代わりにされた時代があったと伝わってい
る。とりわけ応仁の乱の後のしばらくの時代、宮中は困窮し、また武力を持た
ない御所を京都の町衆が警護し、食べ物を納め、現在では想像できないよう
な交流があったことが垣間見える*24。

　つまり、現在でいうところの後援者的役割を担っていたようである。このよう
な関係があったからこそ、義理堅く代々の取引先として暖簾が受け継がれてき
たともいえる。明治の遷都までこうした御用達と御所の関係が続き、その後京

写真3-15（上）　須彌壇に運びこまれる様子‐1（亀屋陸奥提供）
写真3-16（下）　須彌壇に運びこまれる様子‐2（亀屋陸奥提供）

第3章 ● 京菓子の世界　95

都は火が消えたように衰退の時期を迎えることになる[*25]。

　こうした点から、権威筋の御用を務めるということは名誉なことであるには違いないが、時の権力者から注文をいただき、それに見合う優れた商品を納めているという単純な関係を示してはいない。このように、現在の京菓子を価値づけている称号や暖簾といった象徴的要素は、既得権益ともいえる。またこうした取引先に選ばれる菓子であることに誇りを持って菓子づくりを行えたと推察される。

　ただし現在は、京菓子の価値づけの要素となる「御菓子司」や「有職(ゆうそく)」その他の冠が、なんらゆかりのない新興の菓子屋、饅頭屋などでも、店舗の屋号としてつけられていることが散見されるのである。

3. 茶の湯の菓子の評価

　前述したような上菓子屋は、茶の湯という制度化された条件のなかで、菓子を芸術的な美しさにまで昇華してきた。こうした菓子の特徴や価値づけにかかわるアクターが、茶席の菓子をどう評価し、価値づけていたのかを知ることによって、カルピーク（Karpik:2007）が述べるような「京菓子」の特異性、真正性（ほんものらしさ）を少しでも明らかにできるだろう。そして、また現在のアートと呼ばれる和菓子との違いも理解することができるだろう。

　谷（1999）によると16世紀の茶の湯の菓子には、果物と調理物が混在していた。江戸時代の後期においても国内では白砂糖の製造が難しく、貴重な輸入品であったため、一般的には、菓子は黒砂糖や味噌、醤油、塩で味付けされたものであった（青木:2000 他）。

　こうした状況において、茶の湯は、戦国時代から支配者層の交流[*26]、もてなしの形式として発展し、茶道具が特に重視されていた。その道具と同様に、貴重な砂糖が使われた菓子は珍重されていた。当初の菓子は砂糖を用いているという希少性に価値があったと考えられるが、時代を経るにしたがい色や形という意匠の美的要素が評価されるようになったと思われる。なお江戸時代後期には、現在の茶席の菓子に通じるような菓子づくりの技術が整っている（青

木：2000 他）。

　しかし、明治維新によって純日本的なものが遺棄されるようになり、茶の湯は危機的な状況に陥った。このときに、茶道の流派の一つ裏千家の11代目玄々斎精中が茶道を遊芸とする風潮を批判する意見書「茶道の源意」（1872＝明治5年）を著し、茶道の近代化を図った。その結果、女学校教育の嗜みの一つとして茶道が採用され、その後の茶道人口の多くを女性が占めるようになる。こうして、京菓子は戦後、主として茶席の菓子として発展を遂げてきたのである。以下では、茶席の菓子の特異性を構成する要素として、意匠や菓銘、材料、職人技、道具を取り上げて検討を行う。

3-1 意匠と菓銘

　京菓子については、朝廷の儀式典礼用や冠婚葬祭、神社仏閣の祭典において、それぞれ所定の菓子の意匠が伝わっている。茶の湯であれば、その規矩にそった美しさが求められる。ここでは茶席の菓子の意匠と菓銘によって、京菓子の「真正性」の要素を検討しよう。

❖ 菓子の用いられ方

　茶席の菓子は、茶道の規矩や茶会の趣旨、設え[27]、他の道具との取り合わせの美に沿って、「菓銘」（菓子の銘、名前）を有し、抽象的に季節感や意味などが表現されている菓子である。茶会の亭主の手づくりないし代々の取引先の菓子職人の御誂えである。

　菓子が出されるまでの段取りは、正式な「茶事」であれば、菓子は二回、二種類呈される。懐石の後の「主菓子」（生菓子や蒸し菓子）、そして、中立の後に「干菓子」（落雁・有平糖・煎餅）がある。茶事では、「主菓子」の後、濃茶を飲み終えた正客は、亭主に前席に出された「主菓子」のお礼と「前席ではお菓子も美味しくいただきましたが、御銘は」と菓子の銘が尋ねられる。亭主より銘が謂れると、（客は）改めて形や色合いを目に浮かべ、（今日の茶会の）趣向に感動する（鈴木1999：8）[28]。そして、濃茶の後、煙草盆（莨盆）の後は、緊張感がやわらぎ、和やかな会話の場面となる。茶事での菓子とはその意匠と菓銘を楽しんでもらい、会話が生まれることに重要な役割があるのである。

こうした茶事の菓子の特徴から、鈴木 (1985) は、菓子屋、亭主、客との3者が一体となって、菓子への心入れが完全なものになるとも述べている。要するに、茶席のアクターの間で共通の解釈枠組みが成立しているのである。

したがって、菓子も取り合わせの妙を客に愉しんでもらうための一つのツールであり、独創性というよりはむしろ茶会全体の趣旨や進行との調和が求められることになる。また招待された客側においては、菓子を拝見し、その菓銘を聞いて即座にその趣旨を理解し、興ずることができるのが教養の証となった。

❖意匠と菓銘

茶事での干菓子は、「主菓子と干菓子の味のバランス、形や色が重ならないように苦心します。しかも、濃茶の味を損なわない味の主菓子、薄茶の味が引き立つ干菓子を用意しなくてはならないのです」(鈴木1999 : 9)、というように、取り合わせが重要となる。また主菓子については、菓子鉢であれば数個盛り

表3-1「茶事」の進行

四時間	席入り	寄付きで、客一同がそろう。 客腰掛に出て迎えつけを待つ。 亭主の迎えを受け、 客、手水を使う。
	初座	客、にじり口から茶室に入る。 客、床の間などを拝見。 亭主、炭手前。 客、炭手前を拝見し、香合を拝見。 懐石が出され、酒飯の接待を受ける。 菓子(主菓子：生菓子もしくは蒸し菓子)が出される。
	中立	客、路地に出て、腰掛で待つ。 亭主、床の飾りをかえる。 客、亭主の迎えを受ける。
	後座	客、再び席入りする。 亭主、濃茶が練られる。 客、濃茶を回し飲みする。 亭主、炭手前(後炭)。 菓子(干菓子：落雁、有平糖など)が出される。 亭主、薄茶を立てる。 客、薄茶をのみ、退出。 亭主、にじり口より送り礼をする。

出所) 熊倉功夫 (1977)『茶の湯—わび茶の心とかたち』教育社、
熊倉功夫 (2009)『茶の湯といけばなの歴史』左右社より筆者加工

付けられたさいに意匠がうるさくならないもの（主張しすぎではないもの）を、縁高_{ふち}*29であれば、一つでも映えるものを、という配慮が必要となる*30。

　この茶席の菓子の意匠（色や形）は、京都では日本画の琳派の作品に例えられている。加えて、わび、さびといった趣があるものが重視される。もしくは『小倉百人一首』『源氏物語』『古今和歌集』『枕草子』といった古典文学などから、そのワンシーンを表現したもの、あるいは、季節の移り変わり、季節感を切り取った表現がなされ「菓銘」がつけられている*31（写真3-17〜18）。

　赤井（1982）によると、菓子に銘（名前）がつけられたのは、寛永（1624年〜1644年の時代）に入ってからで、この時代に菓子が発展し、その前の時代は胡桃など素朴なものであったという。また御道具にはすでに銘があった。菓子に銘がつけられることによって、茶の湯の趣向の一つとなり、茶の湯での菓子への関心が高まり、より工夫のこらされた菓子が求められるようになった。

　こうした菓子の意匠（色や形）は、老舗の事業所に伝わる「菓子見本帳」に多くの記録が残されている。職人が考案したときにつくられたと思われる下書きとは別に、製本された顧客に見せる菓子見本帳があり、その図案は、絵師などにかかせたものであろう。上菓子屋は、この「菓子見本帳」を持って各種行事のさいなどに近隣の富豪や茶道関係者を訪ね注文を受けていたと推察されている*32。貴重なものとして、江戸時代の『御蒸菓子御見本』『御干菓子御見本』（いずれも出版年は不明）などがあり、名古屋市の蓬左文庫_{ほうさ}に所蔵されている。

　残されている「菓子見本帳」から、江戸時代から近代までの和菓子の表現や作風を知る手がかりとなる（写真3-19）。

　なお中山（1996）は、1693（元禄6）年刊行の『男重宝紀』_{なんちょうほうき}と虎屋に伝わる1695（元禄8）年の菓子見本帳『御菓子之書圖』_{えず}から菓銘を次のように分類している。

　植物（藤袴・桜餅・女郎花餅・錦木餅・花あやめ）、果物・野菜（人参餅・栢ながし・葡萄餅・茄子餅）、動物（浜千鳥・鯨餅・千代万蔵の亀餅）、自然現象（春霞・村雨餅・横雲餅・秋霞・春霜餅）、名所・風景（朝日山・三芳野・立田餅・秋の野餅・小塩山餅・磯部餅）、生活用品（毬餅・歌かるた・茶筌餅・から糸・焼刃餅・新短尺餅）、人物・国（行平餅・琉球餅・阿蘭陀餅）、その他（古今餅・忍ぶ餅・すみやれ・九曜

 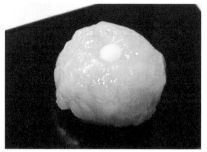

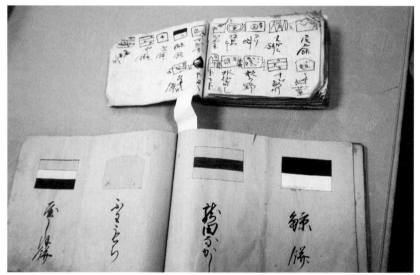

写真3-17（左上）大胆に抽象化された菊の菓子。塩芳軒製 菓銘は「光琳菊」秋の菓子
写真3-18（右上）塩芳軒製 菓銘「白露」これも菊を表現した秋の菓子
写真3-19（下）下書きと菓子見本帳（亀屋良長蔵書より）

餅）など。

　なかには、中国伝説の仙女、西王母が持つ不老長寿の桃から「西王母」な
る桃形の菓子などもある。これらの分析から中山（1996）は、和菓子の意匠の
意味を理解するには豊かな教養や感性が必要であったことを推測している。中
山（1996）によれば、菓子の意匠は日本古来の文芸意匠の伝統を受け継いで
いるという。また色による自然風物の見立ては、平安時代の装束に見られる美
意識、「かさねの色」に通じると述べている。

また茶道の家元(宗家)が好んで用いる菓子、「好み菓子」「宗家好みの菓子」が数多く存在しており、それぞれ上菓子屋が宗家の好みの菓子を誂えていることが紹介されている。ここに茶道の家元との上菓子屋の繋がりが深まり、このような意匠の伝承によっても京菓子司の暖簾の価値が確立されてきた(赤井:1978)。

❖茶人による菓子の選択と評価

　茶席の菓子に造詣が深い茶人の鈴木宗博氏は、四畳半の茶室で行われる茶事や茶会での菓子と、大寄せ茶会や一般市民を対象にした茶席の菓子では、自ずと選択肢は異なるという[*33]。小人数の四畳半の茶会であれば、主菓子の意匠と菓銘が、話のきっかけとして重要な役割を担っている。菓子を見て味わい、その後菓銘を聞いてその意匠の意味するところを理解し、興じることができるような、会話と交流を促進するような菓子が良い菓子となる。そのため茶事の「会記」(道具などの銘を記したもの)にはあえて「菓銘」をぼやかしておくといった工夫もありえるという。一方で、市民のための大寄せ茶会のような機会であれば、一人ひとりにそうした説明ができないために、菓子を見ただけでその意図や意味が分かりやすく、なごむような菓子でもてなすことが重要となるという。

❖茶事の本来の意味

　鈴木宗博氏は、茶の湯は、仏様に茶や湯、そして菓子を供え[*34]、そのおさがりを皆でいただくという禅院の茶礼と食礼が起源であるから[*35]、菓子の意匠や菓銘もそれにふさわしいもの、殺生や肉食を連想させるものは避けられるといった配慮が要請されてきたという[*36]。とりわけ主菓子は「菓子切り」でいただくものであるため、切りつけるようなイメージになるもの、たとえば人の顔や頭はもちろん、動物の形をしたもの、神仏をあらわしたもの、頭と胴体が離れてしまうようなデザインは、茶の湯ではもっともよろしくないものとされる。したがって、職人の技術によって、犬や猫、人の顔、ぬいぐるみのような写実的な造形の菓子をつくれたとしても、茶の湯にはふさわしくないものとしてつくられることがなかったのである。

　しかし、現在は様々な意匠の菓子が、茶席にも用いられるようになっている

写真3-20（左）亀末廣「京のよすが」（9
月上旬。四畳半の茶室を表していると伝
えられている季節によって変化する色合
いも美しい引菓子のセット）
写真3-21（右）繊細につくりこまれてい
る亀末廣「京のよすが」

のであるが、それでもこうした人型や仏像のような形の菓子が出されると、どの
ように食べてよいのか困惑してしまう[37]というのが茶人の心情となる。つまり茶
席の菓子の品質にふさわしくない、という判断が共有されている。鈴木宗博氏
によるとこうした理由から、とりわけ京都の茶席の菓子はどのような菓子でも、
切ることをリアルに感じさせないように抽象的な意匠になっている側面があると
いう[38]。

3-2 茶の湯にふさわしい味、材料とは

❖味わいと材料

　茶席の菓子は、「まず柔らかく溶解が早いもので、皮と餡との調和がよく、形
や銘などに片寄らないで、素朴な形の物で色も淡彩的に香気の少ないものが
適応する」（鈴木：1968：30）。逆によくない菓子についても「口の中にいつまで
もあって溶解しにくく、硬く、皮と餡が分離して同時に溶解せず、形も技巧的に
過ぎて、濃厚な彩のあるもので香りの強いものは不適当」（鈴木：1968：30）とさ
れる。

　また材料は、「昔は、水屋で亭主が手作りにし、心して客に出したものが茶席
の菓子であった。したがって、小豆一つをとっても、亭主は丹波や備中のもの

を選ぶというように、土地を選び、豆を吟味したのである」(鈴木1985:146-147)
と述べられている。こうして、茶席の菓子の評価には、茶に合うものとして小豆
をはじめとする材料の品質、厳選も重要なものとなっている。

　京菓子は、京都近郊の丹波産大納言小豆や米はもちろん国内の優れた材料
が集まる都としての地の利が活かされ、さらに全国各地から優れた材料を集
めることができた。京都の上菓子屋をはじめとする和菓子屋にとって、これら
の材料の品質に加えて、良質な井戸水があったことも優れた菓子づくりには決
定的な要素であった[39]。京都府と兵庫県の県境に位置する丹波地域の大納言
小豆、現在の岡山県備中の白小豆、四国香川と徳島の県境に位置する阿波の
和三盆、奈良県吉野の葛[40]、長野や岐阜の糸寒天などは、代表的な優れた材
料であることが知られ業界では重視されている。とりわけ小豆の品質は、大切
にされている。丹波大納言小豆の産地である京都府、兵庫県が生産量を維持
しているものの微量であり、全国の小豆生産量はピーク時の4割程度となって
いる。また北海道産と丹波大納言小豆では、3〜5倍の価格差があるといわれ
ている。そのため丹波大納言小豆のような高品質な小豆を使用して和菓子づく
りを行えるのは、その産出量からも京都を中心としたごく限られた和菓子事業
所であることが推定される。

　相良ほか(2014)は、丹波産大納言小豆のブランド化戦略の現状と課題につ
いて分析を行い、たとえば手捥ぎ・手選別によって収穫した小豆が高品質であ
り、ランクが高いとされる。小豆を扱う丹波ひかみ農協では、春日大納言を手
収穫のもの、機械収穫のもの、という2種類の販売品目に分けている。また品
評会での評価項目は、「丹波市産であること」「粒が大きいこと」「色が深みが
あって赤いこと」「形が角ばっていること」「粒がそろっていること」「病害虫がな
いこと」「水分量が17％以下であること」を、その小豆の特徴としている[41]。

　また14年前に復活した品種である「黒さや」と名づけられた丹波大納言小
豆は、ごく限られた畑でのみ生育し、成熟期にさやが黒くなるタイプである。こ
れは、煮ても小豆の皮は破れず、割れないという特徴も目視で確認できる。こ
の特徴を活かすには、手摘みで、黒くなったさやから順番に収穫する。非常に
時間がかかり、大量生産には不向きである[42]。

　また小豆は投機的側面もあり、かつ天候に左右され出来不出来の差が激し

写真3-22（左）伝統的な卸業者による兵庫県産の大納言
小豆（小田垣商店にて）
写真3-23（右）大納言小豆発祥の地の石碑
（兵庫県丹波市春日町東中）

く、栽培による品質の差が出やすい繊細な作物である。産地から離れた事業所
は慣行として穀物卸し商社に供給を委ねることになる。京都は産地に近く、ま
た歴史的にも直接生産者との信頼関係により高い品質の大納言小豆を確保し
ている。この場合は、生産者と和菓子事業所を結ぶ仲介者によって、量の確保
も可能となる。しかし圏外になると、卸商社の存在感が増し、和菓子事業所は
商社との結びつきによって、安定した小豆の仕入れを行うことができる。

　丹波の大納言小豆には、こうした測定可能な品質だけでなく、歴史的な価値
づけもなされている。1927（昭和2）年に記された丹波史談會編『丹波氷上郡
志』下巻（丹波史談會編）には、以下のような叙述がある。

宝永二年
領主青山下野守
（當時亀山藩主）
丹波の国国領村東中に産する小豆は他の種類に比して良なるを賞揚し、特に庄屋に
命じ、精選種一石を納めしめ、更に其の内より一斗を特選して、幕府に献納す。幕府
は其の幾分を京都御所に献ず。是れ即ち小豆献納の起源にして、寛延元年青山候の
篠山移封後も、此地より十石を購入して、三種の篩いに掛け、一石を得て幕府に献
納し、維新に至る迄継続せり。斯かる由緒を有せるを以て、維新後にも是が栽培に怠

らず、明治二十八年大納言小豆の共同販売組合を設け、明治二十九年十二月、合資会社となして販売せしも、元来小豆は綿花の間作にあらざれば、収支償はるに拘らず、綿花の栽培近年頓に衰微せしを以て、したがって小豆の収穫も、僅々四十石を過ぎざるに至り、需給の均衡を保つ能はず、明治三十一年十二月、合資会社を解散せしも今尚ほ、之が栽培に従事せるものあり。

　このように材料についても幕府や朝廷とかかわりがある点が、優れた品質であることの証明にもなり、また象徴的要素として作用していたと考えられる[*43]。こうして京菓子は、材料についても優れた品質が選ばれ、暖簾の信頼によって代々取引関係が継承される。またその品質を見極める審美眼といったものが、暖簾のもとで、職人が修業を通じて受け継がれている。収穫量が少なく、手摘みを中心に収穫される丹波産大納言小豆は、きわめて高価であるため、こうした高い価格でも販売できるような京菓子をはじめとした高級な和菓子にしか使用されず、むしろこのような原料を使用する伝統的ノウハウも暖簾のなかに蓄積されているといえる。

❖製餡の重要性

　この小豆を餡にする工程、製餡の技術は、その事業所の和菓子の味を決める要である。この製餡のノウハウが老舗事業所には代々継承されてきた。前述のとおり、和菓子事業所、和菓子職人には、和菓子に適した材料を選別していく知識と経験が求められる。これらの職人の伝統的ノウハウは、事業所のなかで継承され、「技を盗む」といわれるような厳しい徒弟制度よってその多くが伝えられて来た。「火床3年、餡炊き10年」と呼ばれる丁稚奉公から始まる時代があった（『月刊京都』1979:59）。

　たとえば、老舗の和菓子事業所に伝えられている製餡方法は、それぞれの事業所の環境（設備や道具）、小豆の品質、気候や水質の違いなどから、職人の経験や勘といったものが積み重ねられ、それぞれに優れた餡を生み出す製造工程が編み出されていった。そのため、餡は和菓子事業所によって重要なものであり、独自性を有している[*44]。

　鈴木（1979）が述べる菓子を口にしたときの「溶解」という現象については、

「粒あん」は現在も自家製餡であるという亀屋良長の主人によると、餡が溶けるような食感にするには、餡を焚くときの温度管理と時間が重要とのことである。適切な温度で決められた時間加熱することで、小豆のなかにある「あん粒子」がうまく分解され、これらが砂糖によってくるまれることで滑らかな食感と口溶けになるとのことである。目安となる時間や温度があるにせよ、小豆は植物（生き物）なので、毎回同じ温度、加熱時間で良いというわけでもなく、日々表情を変える小豆、餡を見ることで、優れた餡の状態が見極められるようになり、これが仕事の面白さになっているとのことである[45]。

　また、洋菓子と違って和菓子は、本を見てもなかなかつくれないという。目で見て手から伝わる弾力から生地の火の通りや練り具合、水分量など、出来上がりの感覚や様々な加減は、身体の動きを習慣化することによって継承されてきた職人の感覚というものが重要な要素になっている[46]。また技術習得が困難なのは、原材料が多岐にわたっていること、その原材料の配合により多種多様の変化があること、製造する和菓子に驚くほどの種類があることなどによるものである。さらに、和菓子は色、形、など意匠の面で美と芸術性を求められることが多く、これらを充分に表現するためには長年にわたる経験が必要であり、その蓄積によってこうした優れた菓子が伝えられてきたといえる。

　このような材料と製餡作業の特異性は、フランスのAOC（統制原産地呼称）に提示されているテロワールの条件の一つである「人間共同体が歴史を通じて、生産に関する集団的な知的ノウハウをつくり上げてきた」点と深くかかわりがあると思われる。丹波大納言小豆の手摘みによる収穫は、栽培面積の点においても、見た目に美しい小豆である点からも、テロワールとも呼べるような高品質と評判を生み出すことができるだろう。

　生産者、卸業者、行政は、この大納言小豆の育成、生産量の増加、品質改善、また栽培方法の効率化に力を入れており、和菓子業界からの需要やニーズにこたえようとしている[47]。

3-3 道具

　和菓子づくりの道具も伝統的な職人技によってつくられている。材料に合わせて、目の細かさを使い分ける「ふるい（篩）」や「とおし（通し）」という道具が、

木枠に籐を編んだ目のものや馬毛を張ったものでつくられている。籐の「とおし」は、きんとんの「そぼろ」をつくるときに用いられる。馬毛を張った「とおし」は「毛ぶり」（毛のふるい）と呼ばれ、きんとんのなかでも極繊細なそぼろをつくるときに用いられる。このような伝統的な「とおし」は、現在の和菓子づくりでは、多くがステンレス製に置き換わっている。しかし、髙家昌昭氏によると「これらの道具によって、菓子にやわらかい表現をつくり出すことができる」とのことで、かつ「伝統的な道具には、必ずその道具の良さというものがある」とのことである[48]。また干菓子を打つ「木型」などが特徴的な和菓子づくりの道具である（写真3-24～28、3-30～34）。老舗の菓子屋には現在のこのような菓子の木型が大量に残されている。しかし、現在では、この木型やとおしのつくり手がわずかとなっており、ニュースにも取り上げられている[49]。

　さらに上生菓子の成形に用いる「竹べら」は職人自らがカスタマイズし、また使い込むことによって適度な丸み（角が取れて）が生まれ手に馴染んでくる。これが竹製や木製の良さとなっている[50]（写真3-29）。

　しかし現在では、和菓子の道具も洋菓子と同じものが利用されることもあり、ステンレス製などの道具は、衛生的であるともいわれている。それでもなお、極めて限られた菓子屋ではあるが、このような伝統的道具が修業のなかで受け継がれている。これらの道具を用いることで素材の特徴が引き出され、和菓子本来の美味しさや美しさをもたらし、さらに品質を良くするといった点が重視されているからである。

　なお和菓子の成形における工程は、それぞれの事業所の独自のノウハウに依存しているため、和菓子職人の技術、技能を評価する基準はこれまでは存在しておらず、和菓子の品質は、地域によっても、事業所によっても品質が異なり、玉石混合であった。しかし、公的な資格として「菓子製造技能士」と「製菓衛生師」などの国家資格が存在しているほか、個々の事業所や自主的な職人同士の技術研鑽、各地に設立された和菓子の研究団体[51]への参加を通じて、技術の習得と研鑽がなされてきた。

　自主的な講習会などでは、茶席の菓子でいう主菓子（蒸し菓子、練り切り）などの意匠の技術の研鑽が中心である。京都では、「持寄会」と呼ばれる京菓子協同組合が主催する技術講習会が年に4回開催されている。毎回、課題となる

写真3-24　様々な目の「とおし」(ふるい)(塩芳軒所有)

写真3-25(左上)　馬毛の「とおし」。「毛ぶり(ふるい)」と呼ばれている(塩芳軒所有)
写真3-26(右上)　籐の「とおし」(塩芳軒所有)
写真3-27(左下)　籐の「とおし」の網目。微妙に大小が異なりニュアンスが生れる(塩芳軒所有)
写真3-28(右下)　籐の「とおし」でつくられた「このはな」(塩芳軒製)

写真3-29　細工用の「竹べら」など
(塩芳軒所有)
上:上生菓子の盛り付けやきんとんづくりに使
うきんとん箸、中・下:細工用の竹べら

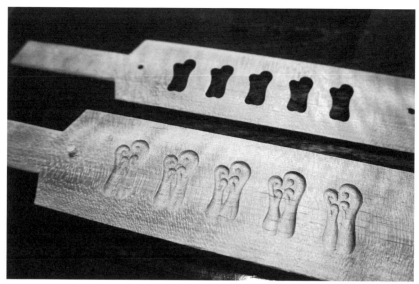

写真3-30 菓子の木型(「打ちもの」と呼ばれる干菓子をつくる)(塩芳軒所有)

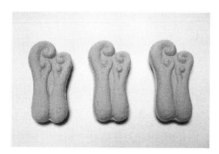

写真3-31 (左) 上の写真の木型からつくられた「打ちもの」(干菓子)完成品「わらび」(塩芳軒製)
写真3-32 (右) 塩芳軒若主人 髙家啓太氏
(これらの道具と菓子の材料を適切に使い分けることで良い菓子が生れるとのこと)

写真3-33（左上）生菓子用の型 桔梗（亀末廣所蔵）
写真3-34（右上）生菓子用の型 桔梗 上下に分かれる（亀末廣所蔵）
写真3-35（左下）上の写真の木型からつくられる菓子（亀末廣製）
写真3-36（右下）大型の木型（名刺との比較）（亀末廣所蔵）

テーマ、お題が事前に告げられ、修業中の若手の職人を中心に、このお題にふ
さわしい菓子を創作し、菓銘もつけ、無記名で審査を受けるというものである。
年間を通じて高得点を獲得すると京都府、京都市からの表彰制度もある。この
ような事業によって、技術面だけでなく職人同士の交流と研鑽の機会にもなっ
ており、現在も継続されている貴重な事業であろう（写真3-37〜39）[52]。

　また現在は製菓学校で和菓子の基礎を学び、その後、和菓子事業所に修業
に入るケースが多い。このときかつては課題となっていたのが、材料の計量の
単位である。従来は和菓子づくりには、匁などの日本の古来の尺貫法が用いら
れていた。しかし現在、製菓学校では、学生が使い慣れているグラム、センチ
によって計量を学んでおり、熟練職人が活躍する現場と矛盾が生じている。後
継者不足もあり、年配職人がグラムに換算しなおして指導するといった風潮に
なっている[53]。

写真3-37（左上）持寄会
審査中
写真3-38（右下）持寄会
点数が入った菓子
写真3-39（右上）持寄会
鈴木先生からの講評

写真3-40（左上）　塩芳軒主人髙家昌昭氏に
よる「グラム」（単位）での指導
（東京製菓学校での特別講義にて）
写真3-41（右上）塩芳軒主人髙家昌昭氏によ
る生徒への指導
（東京製菓学校での特別講義にて「有平糖」）
写真3-42（右下）塩芳軒若主人髙家啓太氏
による生徒への指導
（東京製菓学校での特別講義にて「有平糖」）

従来の職人技は盗んで学ぶといった厳しい作業環境にあったが、美味しい和菓子づくりのために、近年では師匠は弟子に教え、弟子は教えられたことを学び習得するといった現状になっている（写真3-40～42）。特に製菓学校では、人気の修業先になるような老舗の主人が、学生に対して、細やかにそのレシピ、コツを伝えている。ベテランの和菓子職人であっても従来の計量単位から昨今のグラムなどの単位を使用するようになっている[*54]。

　実際の和菓子店においても、昨今は消費者の傾向を見つつ、若手職人の発想によって新しい意匠を取り入れるというケースも多い。このように現在は、厳しいばかりが職人の世界ではないということが読み取れるのである。

4. クラブ財としての機能

　日本の歴史のなかで長らく貴重品であった白砂糖を用いた菓子は、とりわけ京都において、有職故実の菓子、神社仏閣、茶道、そして飾り菓子として発展した側面からも、権威筋のみが手にすることができる「象徴財」として機能してきたであろう。また茶の湯において、菓子は社会的に高い身分に属する人々の間で茶を楽しむ供として、「クラブ財」として機能していたと考えられる。

　こうした和菓子の側面が、他国を見渡すとフランスで重んじられてきた飲み物「ワイン」と同様の働きをしていたと考えられる。フランス人とワインの関係は、様々な文献でも紹介されているとおり、葡萄酒は神話や神秘の世界、聖人、祝祭などと結びつけられ、国民的な飲み物、さらには社会的「差異化」の手段ともされてきたといわれる（ジャン＝フランソワ・ゴーティエ：1998）。ワインに対するイギリス人やアメリカ人のコンプレックスは、われわれ日本人の想像をはるかに超えたものであるらしい。麻井（1981）は、食事の最中に甘口ワインを飲むことの是非が味覚の問題ではなく、その人の教養を問うことになり、そこに作法が存在するという。またイギリス人やアメリカ人がワインに対して抱く心のしこりは、作法を知らないという不安から生じたものであると述べている。とりわけ、イギリスにおけるワインのガイドブックの発生は、スノブの誕生に端を発し、スノビズムが一般大衆に波及して社会的現象となったのは、階層間の流動化が始

まって、大衆の生活意識のなかに上昇志向が芽生えたことを反映しているという。

　食品は、歴史のなかで、度々社会的「差異化」に関係し、和菓子をめぐる社会的差異化を検討しておくのも興味深い。そこで、京菓子の真正性、その価値の社会的背景を、ブルデュー社会学の文化資本、および社会的場champsの概念に言及しながら、検討することにしよう。

　ブルデューのいう文化資本とは、社会的世界で、もしくはある市場 において、資本として何等かの収益をあげる文化的「能力」を意味している。厳密には、能力という言葉の使用はあまり適切ではない。なぜなら「能力」概念は、普遍的な性質をイメージさせるからである。むしろどのような文化的能力や文化的行動あるいは資格証明が社会で有利に作用し利益をあげるかは、日々の社会の諸集団間 の闘争に賭けられているし、社会や時代さらには「場」によって変化する（片岡:1997）。

　齋藤（2007）によると、茶道は、明治中期〜昭和前期の紳士の高尚な趣味であり、政界・官界、実業界の要人の多くが嗜み、茶会は現在のゴルフと同じく社交の場として機能していたという。フランスであれば、おおよそワインをめぐる関係にも類似するものであろう。

　近代数寄者と呼ばれた一群には、井上馨（世外）をはじめ、益田孝（鈍翁）、安田善次郎（松翁）、根津嘉一郎（青山）、原富太郎（三渓）、小林一三（逸翁）、五島慶太（古経楼）など、著名な実業人の名前が茶会記に多数記載されている。齋藤は、こうした茶会の交流から実業人のネットワークを従来からの「資本系列」「取引関係」「競争者」といった経済的な要素では捉えられない側面から浮かび上がらせようとした[*55]。

　こうした研究が示すように、茶道および茶会は、茶室という狭い空間、かつ共同飲食の儀礼を通じての経済人たちの文化資本の創出であったと考えられる。茶の湯は、明治維新によって一時衰退するが、その後も社交上の男性の嗜みであり、あたかもワインをめぐる文化資本のような特徴を有しながら継承され、ここに和菓子も含まれていたのである。ただし、実業人らの茶会は、茶道というよりも、名物茶道具を披露しあうなど数寄者の茶といえる。「名物」と呼ばれるような道具のコレクションを披露することを通じての共通の関心と相互

理解であったと推察される。

　なお片岡（1997）は、差異化や卓越化の前提となる文化的能力や性向として文化資本を定義し、これら身体化された文化資本は、趣味やセンスのよさや知識・教養、文化的活動などの様々な形で表われると述べている。要するに身体化された文化資本の根本にあるものは、ものごとを知覚する様式であり、文化を評価する「眼」であり、あるいは文化を理解するコードであるとした。こうした文化資本を支持し、それを卓越したものと承認させる力を持った社会集団が存在すること、そしてその文化の卓越性を承認する人々とのパワーポリティックスなどが背後にあることが、齋藤の分析した実業家の茶会に見られる。

　また小松田（2004）も、ブルデューが述べる、ある「場」には、他の場における利害とは異なる種別性を持った固有の利害がありうるという。それゆえ、ある場には他の場の論理が直接適用されることはない。ブルデューは経済的な（物質的、貨幣的な）資本のみならず、そこに還元されない文化資本や象徴資本といった権力形態を示している[*56]。また片岡（1997）も、ブルデューの場の概念についてディマッジオ（DiMaggio:1991）を引用しつつ、社会が文化資本を持つために特定の象徴財の価格を決める制度とそれを評価できる社会集団が必要であるとし、たとえば ヨーロッパではハイカルチャーは宮廷文化から出現したものが多いと述べている。

　ブルデューが述べているように社会的場における各個人の地位はとりわけ経済的資本と身体化された文化資本により定義され、その象徴的な要素が茶道のような伝統芸能の世界を構成している。日本では茶道をはじめとする日本の伝統芸能（長唄や踊り）は、封建社会のなかで支配者層の教養として位置づけられており、また近世以降も財閥などを中心に茶会による交流があった。このような場において菓子の需要があり、高品質化、芸術性が高められていたのである。

　このような京菓子にまつわるアクター間の関係や共通の知識は、デヴィッド・ハーヴェイ（2013）がいう「歴史的な物語、集団的記憶の解釈と意味、文化的習慣の意義、等々」とも捉えることができる。とりわけ茶席菓子（京菓子）に至っては、アクター間における知識、情報によって、菓子の評価と格付けqualification がなされている側面がある。このような伝統的価値は、財の価格によって

のみ評価される市場の原理とは異なる基準をなしており、開かれた市場での価格競争といったメカニズムが働き難いものであったことも推察されるのである。

5.「京菓子」の真正性

　本章では、京菓子を価値づけていると思われる諸要素を有職故実に根ざした菓子や、神社仏閣、茶の湯との繋がりを持った菓子を事例に検討した。これらの「伝統美と意匠」「材料」「職人技」「道具」などの要素の結合が象徴的価値を生み出している。こうした価値は、伝統的なアクターにより、共通の解釈枠組みを通じて価値づけられてきた。

　このアクターは、たとえば、熊倉（1977）が述べるように、日本文化の特殊性から茶道の面白さを共有する人々であり、また齋藤（2007）の明治30年代の近代数寄者の研究からは、日本の新興エリートたちにとって、「茶の湯」を介した他の新旧のエリートたちとの交流が「文化資本」として機能し、活用されたことが推察される。

　また歴史的な伝統の重みといったものは、日本独自の「暖簾」の存在や京都の「町家」といった物的な事物を通じて可視化される。たとえば、京都に残る京菓子司の町家、そしてそこにかかる暖簾といった建造物は、その目印の一つとなる。

　こうした点から「京菓子」を真正なものとしている要素は、第一に京都という日本の都であった地に育まれたことによって、御所、神社仏閣を含む支配者層を顧客筋とし、その儀式典礼を主たる需要機会としていたこと、第二に京都のこの顧客筋に見合う高い品質を有し、その要素は、自然環境（とりわけ水）、卓越した職人技と道具、そして全国各地からの優れた材料があったこと。第三に、茶の湯、茶道の家元との結びつきがあり、京都の菓子は、ここに芸術的な要素を加味して、意匠と菓銘といった表現が付されて、茶の湯とともに発展したこと、などがあげられよう。

　それでは、京菓子に深く関与している当事者たちは、京菓子の真正性をどのように捉えているのであろうか。とりわけ意匠について前述の京菓子の「持寄

会」での観察から考察しておこう。

　「持寄会」では、京菓子に造詣の深い茶人の鈴木宗博氏、瓢亭14代目主人高橋英一氏、文筆家井上由里子氏が講評者として招かれている（順不同）。また2017（平成29）年11月28日に開かれた同年の第三回「持寄会」では、京菓子協同組合から髙家昌昭氏も出席し講評を行った。ここでは、鈴木氏、髙家氏の選評、講評を取り上げることにしよう。そこでは前述の京菓子の真正性の要素としての意匠や道具、菓銘の重要性が指摘されていることとならんで、後述のようなアート化しつつある和菓子との違いも垣間みられる。まず鈴木氏はお茶席にふさわしい菓子としての観点を述べ、髙家氏は、つくり手からの京菓子の評価基準を伝えている。

　今回の「持寄会」の菓題は、「新年菓」「語」「干支」の三つである。この菓題にしたがって、京菓子協同組合の加盟店の職人が自身の作品を持ちより、これに審査員が評価する菓子に点数を入れ講評を行うという流れである。

　茶人の鈴木宗博氏は、干支の菓子について、いろいろな犬の顔の菓子が並べられているのを見て（「スヌーピー」のような犬の顔も見られた：筆者観察）、犬の顔が可愛ければ、可愛いほど、これを菓子切で切ったり、割って食べるときのことを考えるとちょっと（評価するのが）難しいと前置きをした。次に、「新年菓」からは、菓銘「福梅」を選んだ。この菓子については「きんとん製の御菓子で普通といえば普通ですが、紅梅と白梅の色が印象に残っています。オーソドックスにお茶の席に使うならこういう御菓子がベースになります。そういった意味で最初に選ばせていただきました。」と述べている（写真3-43）。

　「新年菓」のなかで次に鈴木氏が点を入れたのが「獅子の春」である。鈴木氏は、この菓子について「今、いろんなところで言われているインスタ映えする御菓子ですね。パッと見て写真を撮りたくなる。獅子の顔や動きが布一枚で表現され、これ一つで獅子が舞っている雰囲気がわかる。面白い。お正月っぽい良い御菓子という気がしました。ちょっと布で包むとか、単純な表現でその色やデザインを変えることでまったく違った御菓子に変わっていく…分かり易い御菓子だと思います。」と講評している（写真3-44）。また鈴木氏は、茶席で菓子鉢に菓子を盛ったときにうるさくない（ごちゃごちゃしない意匠の）菓子であることも重視し評価していた。

写真3-43（左上）
点数が入った「新年菓」の菓子-1
写真3-44（右上）
点数が入った「新年菓」の菓子-2
写真3-45（左下）
点数が入った「干支」の菓子
写真3-46（右下）
点数が入った「新年菓」の菓子-3

　さて、2017（平成29）年の秋に厚生労働省の「卓越した技能者（現代の名工）」に表彰された塩芳軒の主人髙家昌昭氏は、お正月は、濃い目の色で表現することが多いが、今日の持寄会では、穏やかな色合いで「お正月」が表現され、「語」が表現されているとまず述べている。干支の菓子のなかで「たたみもの」で犬を表現しているものについて、「これは、黒い餡ではなく、白い餡であればもっと良い御菓子になったであろうし、さらに鼻がなければもっと良い御菓子になったと思われます。」と評価している。さらに「省くものは省いても『犬』に表現できるもの、目があり、鼻があり、という表現がなくても犬に見えるもので、選ばせていただきました。」と述べ、写真の菓子を評価している（写真3-45）。

　また「犬」という菓銘の御菓子については、「耳と鼻をちょっと押しただけの表現で面白くてたいへん（デザインは）良い御菓子だったのですが、『犬』という銘だけではちょっと…その点で落選となりました。この御菓子は、銘を変えていただくだけでもっと良い御菓子、連想ゲームができる御菓子になったと思われます。」と菓銘の重要性を述べているのである。

　次に、「新年菓」のなかからヘラを使った菓子を取り上げ、「ヘラ使いがたいへんきれいな菓子です。きれいにできておりますけれども、『ヘラ使い』が上手すぎてあまり面白みがなかったなと思いました。関東に行きますと、ものすごく上手にヘラを使っておられますけれども…。この御菓子の、良いヘラ使いをほ

める、といったら失礼ですけれども…本来なら点数を入れてもいいのかなと思いましたけれど、残念ですが、はぶかさせていただきました。」と述べている。

　道具に関しても、「型押し」の御菓子について「これは古い倉庫から『型』をもって来たのではないでしょうか（写真3-46）。型があってからこそその御菓子ですね。似たようなもので他に梅の表現がされていた御菓子があったと思います。これも古い『焼き印』を探してこられて押したものだろうと思われます。昔はこういった型押しがたくさんありました。古い道具類は、いつもは使わなくても良いのですが、常に見ておく必要があります。ときにはこうして使っていただけるとものすごくよいと思います。」と道具の大切さを伝えている。

　このように京菓子協同組合の「持寄会」は、「京菓子はどうあるべきか、また優れた茶席の菓子とは何か」を再確認する機会となっている。

　さらに講評の後には、審査員や組合の担当者が集まり、点数が入った菓子を前に、その菓子が今回の「持寄会」のための「一点ものの作品」であるのか、それぞれの店で、茶会など多くの注文を受けたときにも対応できるようなデザインであるのどうかといった観点からも評価が交わされる。例えば、「この菓子は、ものすごくきれいだけど、手数が多すぎて店ではつくれないね。」といった意見や「これは簡単につくれるようだし、デザインもいいね。」等という指摘もなされ、点数が入った菓子を熱心に観察されていた。

　こうした講評の後の審査員たちの会話のやりとりを観察してみると、講評での指摘以外にも、職人の手数が少ない菓子のデザイン、菓銘との組み合わせによってより深みのある意匠になる菓子が高く評価されているように見受けられた。また京菓子は、関東のような「へら使い」の上手な菓子を上手すぎて面白みがない、として点数を入れていないといった点も、現代における京菓子の、茶席の菓子の意匠における真正性とは何かを考えさせてくれる。

　つまりこのような京菓子の評価は、老舗の生産者や伝統的な需要者の間で暗黙的に共有され、「暖簾」など象徴的要素によって伝えられてきた価値づけフレームとしてのコンヴァンシオンをなしていたといえる。そのため、一般の消費者は、京菓子の品質や価値について、専門家やガイドブックといった「判断デバイス」（Karpik:2007）に自らの判断を委任することになる。

6. 京菓子の真正性の現在

　本章では、京菓子の真正性を検討してきた。しかし、これは、歴史のなかで育まれてきた価値の要素であり、すべての要素が今日に受け継がれているとは限らない。

　まず意匠と菓銘については、茶の湯の菓子を誂える菓子屋側では、「意匠」や「菓銘」についてどう捉えているのだろうか。末富の主人だった山口富藏氏が1949（昭和24）年の雑誌の記事（山口1993:65-70）で次のように語っている。

「花筏」ですが、これは日本の伝統意匠として大変素晴らしいものです。見た目の美しさに感じ入るだけではなく、「花筏」という言葉を聞いただけで、高台寺の御霊屋の花筏の蒔絵が思い浮かび、嵐山の風情が思い出されなければダメなんです。そういうところから桜への想いが広がっていくわけですから。(中略) ひとつの銘から、文学や美術や工芸につながっていきますから、もっと根性を入れて、背景に流れる世界を意識して召し上がっていただきたいですね。本当に芸術一般論をできるだけ知っていなかったら菓子で遊べないと思います。茶の湯や能と同じで、教養を素養として身に付けておかないと、解説付きイヤホンを頼りに歌舞伎や能を観ているようなものですし、なぜこの菓子を食べるのか、出されたのかも分からないと思います。

　しかし現代社会において、菓銘や意匠を実際の風景として感じられるシチュエーションはごく限られ、前述のような素養や教養を有しているアクターは、きわめて少数に留まり、こうして意匠も現代のアクターたちにとって分かりやすいものとならざるを得ない事情もある。

　また販売カタログとして機能していた『菓子見本帳』の菓子についても、御菓子司の主人は、「たとえその意匠と同じものがつくられたとしても、小豆や砂糖、そして色彩も当時の材料とはかなり異なっている。たとえばオーブンなども全く性能が違う。絵で残していくことの柔軟性によって、現在の材料からつくる微妙な違いがもたらされ、また後世へと受け継がれていく。デジタルのような完璧なコピーではなく、職人の微妙な加減やお客様の好みの変化に合わせて変化している。だからこそ伝統は紡がれるのです」と述べている[57]。

また伝統的な道具は、伝統的な和菓子づくりの必須のものとして位置づけられ、この道具も匠の技が生み出した日本独自のものとなっている。しかし、こうした道具をつくり、伝承する職人は少ないといわれ後継者不足が危惧されているところである。また近年の衛生基準によって、これらの天然木や竹の道具が衛生的でないとして、使用が禁止されるような動きもある。工業的衛生性が重視されるあまり、百貨店の催事などには、ゴム手袋をはめて和菓子をつくることが義務付けされるようにさえなっている。

　京菓子の老舗店の主人からの聞き取り調査によれば、百貨店や行政は、こうした伝統的道具を使用しないように指導を行うケースがある。しかし、京菓子司などでは、「それでは和菓子はつくれない」として断っているという。このように工業的衛生性の過剰な介入は和菓子や茶道の伝統と著しい対立をもたらすこともある。しかし、企業化している和菓子事業所では衛生管理マニュアルを重視する傾向にある。

　やはり同老舗主人からの聞き取りでは、京都市民まつりで開催予定であったある茶会において、茶器を洗剤で洗わないことを理由に行政の指導によって中止のやむなきに至ったという。茶道の茶器は洗剤で洗うのではなく、湯や茶巾で「清める」のである。衛生規制当局のこうした伝統的食文化に対する理解不足は「角を矯めて牛を殺す」ようなものであろう。

　他にも、和菓子の材料は危機的な状況にあるものが多い。よく知られているように、葛粉は希少なものとなりつつある。また日本の和菓子の大きな特徴となっている葉っぱ類も、消滅が危惧される材料である。とりわけクマザサの葉は、香りだけでなく殺菌作用も認められ、京都の粽や麩饅頭に使われているのであるが、京都の産地で枯死があったため他の産地のものが代用されている（阿部・柴田・奥・深町：2011）。また柏餅に使われている葉や桜餅の葉なども人手不足で、採取が難しくなっている状況にあり、これまでどおりの菓子がつくれないとの悩みがある。一方で、近年は和菓子の原材料には、香料や保存料、乳化剤、砂糖類、寒天の代用品といった食品添加物をはじめ、抹茶やチョコレート、乳製品といったものが材料として増加している。こうした材料の使用についても企業や職人の間で捉え方がまったく異なっている。

　工業的シテの製品として和菓子を捉えると、保存性や均質さをもたらす添加

物の使用は、消費者に受け入れられるものとなっている側面があるだろう。また伝統的な和菓子の材料の入手が困難になった、もしくは、高価になったための代用品、あるいは、和菓子の大敵となる乾燥を防ぐものとして、砂糖類似の添加物であるトレハロースは、和菓子業界では重宝がられるものとなった。しかし、添加物を用いることは、美味しさを求める和菓子づくりにはふさわしくないとして、材料の吟味に重きを置くこだわりの和菓子屋や職人も多く存在するのである。

　さらに、こうした手仕事や材料にかかわる時代の要請といった変化だけでなく、製餡の工程そのものが変化している。高度経済成長期には、人手不足、重労働、またコストと効率化といった点、そして昨今は職人の高齢化などによって、和菓子づくりの機械化が進んでいる。これは京菓子にも及んでいる。

　1960（昭和35）年に株式会社カジワラが煮炊攪拌機を発明し、餡練りの作業が効率化された[*58]。その後同社は自動製餡機も製造し人気となった。また餡を包むことを可能とした自動包餡機は、1962（昭和37）年にレオン自動機株式会社（現）によって開発された[*59]。機能にもよるが一台700万円ほどという包餡機は、一日に数千個〜数万個の饅頭の製造を可能とし、中〜大規模な和菓子事業所の多くはこれを採用している。包餡機の優れた点として、たとえば福岡の人気の土産品となった饅頭に顕著なように、職人の手ではつくれないような薄皮ときわめて柔らかい餡を包むことを可能とし、独自の食感を生み出している。また機械による包餡は、人件費の削減、衛生的かつ均質的であり、工業的品質を生み出すものとしても需要が増えたといえる。

　なおこうしてできた大量の和菓子を販売するには、それなりの販路が必要となるため、大量生産、大量販売が可能な企業形態の和菓子屋にはメリットが高いとされる。しかし、家業として和菓子をつくる小規模事業者では、こうした販路はないため量産化に向かず、また機械の清掃の手間などを考慮すると、少量であれば職人が手で包餡することが適している。

　また店の味の特徴、個性をあらわす餡も、製餡業者から仕入れる傾向が強まっている。工業統計によると、和生菓子の事業所も製餡業の事業所もその数は減少しているが、餡の出荷額は安定している。製餡業者から出荷する製餡の量が増加し、寡占化傾向がある（図3-1、3-2）。

図3-1 製餡業者数と出荷額の変化

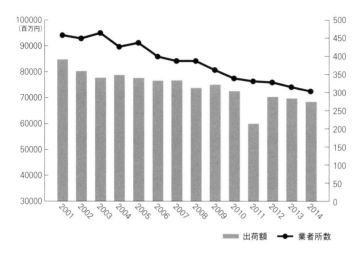

出所）経済産業省　工業統計表「品目編」より作成

　「製餡」にも様々な種類があり、また製餡業者は要望や注文にも応じてくれるという効率的で利便性の高い関係になっている。さらに製餡業者が、餡づくりの技術を蓄積して「和菓子」を製造し人気になるといった逆転現象も起こっているのである。

　そして、「京菓子」さらには「御菓子司」においても、製餡業者から仕入れた餡を自動包餡機で包餡し、販売している状況が見られる。したがって、扱うすべての菓子について小豆を選び、製餡し、籐製の「とおし」や竹製の「ヘラ」を使い、素手で菓子を誂えるという職人技を現在も伝承している御菓子司は、きわめて限られている状況にあるのである。

　こうして現在、伝統的な製造ノウハウという基準が不明であり、かつ「京菓子」の真正性とは何かといった点については、検討しなければならない状況に置かれている。

　なお「御菓子司」と呼ばれる上菓子屋は、かつては御所、そして現在も神社仏閣や茶道関係者を顧客としている。しかし檀家の減少や茶道人口の減少（図3-3）などにより、こうした伝統的アクターによる京菓子への需要も減少している。端的なデータとしては、総務省統計局「社会生活基本調査」によると、茶

図3-2 和生菓子事業所数と出荷額の変化

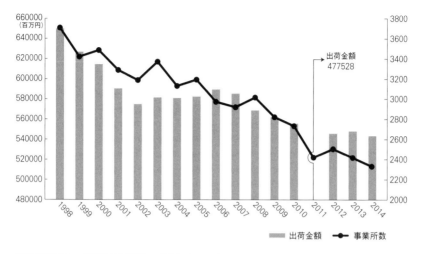

出所）経済産業省 工業統計表「品目編」より作成（従業員数4名以上）

道を趣味とする行動者数と行動者率（一定人口における割合）は、1986（昭和61）年の3％の2,845（千人）から2011（平成23）年では、1.5％の1,700（千人）へと、大幅に減少している（図3-3）。これは茶席の菓子、茶道の稽古事で使われる菓子を含めると大幅な受注生産の減少になっていることが推察される。またヒアリング調査からは、寺院などの顧客先は、檀家や門徒の減少、さらには彼等に配る菓子の数を減らしているという傾向があり、かつてのように受注額が多い安定した取引先とはいえない状況になっているという。

　代わって台頭してきたのが、一般消費者や観光客である。彼らはインターネット上のランキングサイトやインスタグラムなどに導かれて、御菓子司を訪れる。上菓子屋であっても、次第にこうした一般消費者や観光客に合わせて自らの菓子を製作し、売れることを重視する傾向も見られる。あるいは、菓匠会への所属といった上菓子屋の由緒を持ちえない「和菓子屋」の場合でも、一般消費者や観光客が期待する京菓子や老舗のイメージを構築しているといえる。もちろんこうした新しいアクターの存在にかかわらず、亀末廣のように「京菓子は、大量生産には不向きで……」と控えめに語り、インターネットでの情報発信や百貨店での販売を行わず、これまでの贔屓筋のために菓子をつくり、観光客の

図3-3 茶道行動者数と行動者率の変化

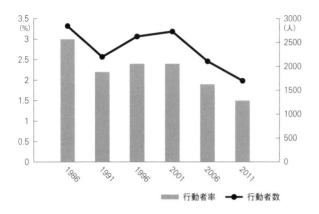

出所）総務省統計局「社会生活基本調査男女」趣味・娯楽の種類別より作成

需要に左右されることなくこれまで通りの商いを行っている御菓子司もある。

　もっとも京菓子、とりわけ上生菓子は土産品でもなく、日持ちもしないので、観光客はこれらを大量に購入するというよりは、京都らしい暖簾の雰囲気を味わっているだけなのかもしれない。観光客の購買パターンとしては、美しい上生菓子を数個購入し、これを写真に撮り、インスタグラムに投稿しホテルの部屋で食べる、といった行動が取られていると考えられる。いずれにしても、伝統的な顧客の減少と、新しい一般消費者や観光客による価値づけへの配慮、という悩ましい問題が京菓子の真正性を取り巻いていることは、今後も観察すべきことである。

　こうした近年における京菓子の価値づけの変化に敏感なのが、百貨店のバイヤーである。京都髙島屋の和菓子担当の安井氏は以下のように語る[60]。今期はインバウンドの需要があり、瞬間風速的に売上高を維持しているが、中身が問題である。というのも、20年前ほど前から百貨店の「魅せ方」であった、珍しいものを紹介する、逸品の物語性を伝える、もしくはセールを行うといった仕掛けに対して顧客の反応が薄くなり、また顧客層の高齢化が見られるのだという。同店にとって京菓子はフラッグ商品との位置づけだが、百貨店も京菓子屋も若年層を取り込めていない、という危機感を持っているという。そこで、2017

（平成29）年9月に、同店に商品を卸している京菓子屋16店舗からなる「京銘菓・真味会」の50周年記念特別企画として、「京菓子の新魅展」を開催した。これは、同店で開催されている「ぼくらが日本を継いでいく―琳派・若冲・アニメ―」という、日本画、漫画・アニメの展示会の作品からインスパイアされた創作和菓子を展示するというイベントである。若い顧客層をターゲットとした企画であり、百貨店においても京菓子を若い客層になんとか身近に感じてもらいたいという努力が見られるのである。

　また、安井氏は次のようにも語っている。とりわけ若年層はソーシャルメディアを通じて、知り合いおよび匿名の誰かが発する「あれこれの和菓子がきれい、おいしい」といったメッセージとそれに対する評価が、商品購入の一番の動機になっているという。販売員による接客を行う百貨店にとっては内心忸怩たる思いもあるが、徐々に「インスタ映え」やフォトジェニックな商品の品揃えを意識せざるを得ないという。

　このように京菓子をめぐる真正性は、現在、ソーシャルメディアを通じて、個々人の情報発信と審美的な観点から価値づけられるようになった。伝統的なアクターによる価値づけから一般消費者、観光客による価値づけへの移行が大規模に進んでいるようである。

注：

* *1 シテ概念については、理論編を参照されたい。
* *2 朝廷行事や公家の家格先例に精通した有職故実家として下橋敬長など。下橋敬長述・羽倉敬尚注（1979）『幕末の宮廷 東洋文庫 353』も参照。
* *3 尾張藩の御用菓子司であった両口屋是清は、数年前まで柏餅や粽は販売していなかったが近年になって販売しはじめた。したがって、餅屋と菓子屋の領域は次第に境目がなくなっている。
* *4 安室知（1999）『餅なし正月』という研究もある。
* *5 京都から離れるが、江戸幕府では、菓子を用いた行事が行われていた。現在、全国和菓子協会が「和菓子の日」（6月16日）としている日で、「嘉定の祝儀」と呼ばれている日がある。鈴木（1996）によると、嘉定の内容の記録が残されているのは少なくなく、1652（承応元）年の記録では、幕府の御用を務める菓子屋、大久保主水家でつくられた菓子を、四代将軍家綱が先例通りに群臣に分け与えるという行事の段取りが記されている。しかし、庶民がこの日に菓子を楽しんだとする記録があるものの、他の節句のように定着するほどの広まりはなかったと推察されている。
* *6 道喜に残されていた記録は、京都市より有形文化財の登録を受けている。
* *7 川端道喜の創業、御所との結びつきについては、高橋康夫（1978）「戦国期京都の町組『六町』の地域構造」に詳しい。また江戸期における御所の菓子の御用については、濱田明美・林淳一（1991）に詳しいので参照されたい。
* *8 道喜粽に使用されている熊笹は、京都の鞍馬山に生息しているものが使われていた、とされる。鞍馬山で粽に用いることができる笹はまったくなく、その奥の花脊、別所の笹へ、そして現在は、桃井で確保している（川端：1987）。他の地域の笹は、香りがまったく異なるために水仙粽に使うのが難しいとのことである。水仙粽は笹の香りが重要であるため、材料に繊細な気遣いが必要である。他の京菓子では、近郊の笹が取れなくなってしまったため、他の地域の笹、あるいは輸入の笹で代用されているといわれている。また近年は、笹の大きさが小さくなっており、この背景について、京都大学の研究グループ（阿部ほか：2011）が、この笹が採取される左京区の北部山間地域は、かつては、薪炭のための択伐があり、この人間側からの作用によって笹の葉が成長するのに適切な日照時間となり、大きな笹の葉が生育し、粽に最適なものが生み出されていたと調査している。数十年に一度の笹の開花による枯死は自然現象であるが、現在問題になっているのは鹿による食害であるという。オオカミが人為的要因によって絶滅したこととも関係が深いとのことである。これも京都大学のグループが調査を行っている。ヒアリング調査：川端道喜代表 川端知嘉子氏 2018年2月1日。
* *9 御所では、買い上げされるはずの納品についても、献上に切り替えるよう要請が何度も出されていたという（川端：1987）。なお「献上菓子」とは、朝廷の年中行事や慶事、神事や仏事などの折、扱う商品やその他を無償で奉るもの、「御用菓子」は、注文があり代金をいただけるものであった。林（1996）の分析によると、御所の収入は、小大名ほどの規模であるが、収入の増加にともなって道喜への注文も増えており、最後の孝明天皇の頃がもっとも多く、年間30回となっている。ただし、この数には献上は含まれない。また道喜は、内待所の御神供（ごしんく）の調進も務めていた。御所の清火は、道喜の家の竈（かまど）の火であり、神事、神社の参拝などにも道喜の火が用いられたため、御所の灰も道喜の竈の灰であったため厳しく管理されていた。このように宮中と川端道喜はかなり近しい間で、納品と献上、行事のサポートが行われていたことが伝えられている。
* *10 「川端道喜」は、『御定式御用品雛形・御用記』を、1871（明治4）年と1873（明治6）年に東京に持参し、絵師がこれを書き写し、宮内省に年中行事の任を譲ったという（川端：1990）。
* *11 これは直径6寸の円の餅を小豆の汁で染めた菱形を重ね、蒸したゴボウを二本と味噌餡を挟んで二つ折りにする。ゴボウは押鮎を見立てたものだという。
* *12 明治以降、川端道喜は、茶道との結びつきに新たな活路を見出し、御所に納めていた餅を茶席にそうように考案している。しかし、戦時中は商売も厳しく、14代、15代の川端道喜は兵役をつとめている。1940（昭和15）年になると、砂糖・マッチが切符制となり、甘いものが世の中から消えている。

茶道では9流派が結束して1942（昭和17）年に「京菓子茶道教材協議会」を設立し、3月中旬より稽古菓子が教材として特配されることとなり、その年末の京都府広報は、農林省認可として特殊菓子18品目（内、道喜ちまき）を保存指定することが公示された。しかし、特殊菓子に指定されたものの砂糖の不足は深刻で、うまく機能していなかったという。そして、川端道喜も「ついにかまどを閉じなければならなくなった」（川端：1987：91）とのことである。後述する亀末廣もこの特殊菓子18品目（内、竹裡〈ちくり〉）を誂えていたのであるが、苦しい時代は、菓子の木型を薪にしたとのことで、当時の菓子の苦境がしのばれる。明治維新後の混乱に便乗してビジネスを成功させる町人がいたが、13代の祖父は商売が下手だったと、15代の川端道喜が次のように回顧している。「要は手間暇を掛けるということだ、そして大事なことは、それを如何にも簡単に出来たように見せねばならない。それはプロだから。苦心して出来上がったものを朝飯前だと見栄を切ったかつての職人が、今では手抜きの商品を手間が掛かった様にして銭にする。全くプライドなんぞの一片もない昨今である」（川端1987：63）。また現在店を守る川端知嘉子氏は多店舗展開などは考えておらず自ら菓子づくりに専念している。ヒアリング調査：川端道喜代表川端知嘉子氏　2017年9月9日。ここにも、同じく宮中の行事に携わりながらも、川端道喜と虎屋とのその後の展開は、全く異なったものとなったことがうかがわれる。

*13　一方で、幕府や諸藩は、各職種で「仲間」を通じて物価や流通の経済政策を浸透させることを考え、仲間は公許されて「株仲間」になった。京都で菓子屋が株仲間を結成するのは1775（安永4）年である（青木：2017）。

*14　「1726（享保11）年江戸幕府は、砂糖の輸入に随い正貨の海外流出を憂へ其の輸入に制限を加えるとともに一方国内の菓子業者（主として京都、大阪、江戸）の数を制限し夫々総代をして奉公宛に仲ヶ間帳を差出さしめ仲ヶ間以外の営業を厳禁した」（菓匠会：1987）。この事業所が上菓子屋と呼ばれる菓子屋である。白砂糖や氷砂糖を使用して高級な品質の菓子をつくる店として、安価な材料を使う菓子屋とは一線を画していた（辻：2005）。

*15　菓匠会は伝統的な技術の継承と発展を目的とし、また現在も宮内庁に献上を行っている。夏と冬の2回の展示会があり、代々全国の菓子屋が勉強に訪れるほか、茶道関係者などが招待され、現在の京菓子のデザインの動向を学ぶ機会になっていた。また「菓匠会」は、親睦会としての要素もあり、兵庫県豊岡市に祭られている田道間守の参拝なども行われてきた。『菓匠会』（1987）ほか、菓匠会会員のヒアリング調査より。

*16　もちろん現在は、インターネットの浸透によって、グルメ情報や顧客側が、ソーシャルメディアなどによってこうした老舗の存在、菓子の特徴を伝えている。

*17　ヒアリング調査：茶人鈴木宗博氏　2017年8月16日　場所：ご自宅。

*18　供物は、盛り付けられるものによって名前が決まっている。たとえば、「昆布」「干瓢」「蜜柑」「銀杏」「羊羹」「松風」「紅梅香（段盛）」「紅梅香（段盛）」「紅梅香（付盛）」「紋菓（付盛）」「焼き饅頭」「州浜」「山吹」「桟木」「紅餅」「白餅」「紅餅」「彩色餅」などである。これらの供物は供物一種類が一対（「具（ぐ）」）となっている。ヒアリング調査：亀屋陸奥主人河元正博氏　2017年9月4日　場所：亀屋陸奥。

*19　ヒアリング調査：亀屋陸奥主人河元正博氏　2017年9月4日　場所：亀屋陸奥。

*20　ヒアリング調査：亀屋陸奥主人河元正博氏　2017年9月4日　場所：亀屋陸奥。

*21　ヒアリング調査：亀屋陸奥主人河元正博氏　2017年9月4日　場所：亀屋陸奥。

*22　ヒアリング調査：乃し梅本舗佐藤屋　佐藤慎太郎氏　2017年11月13日　場所：銀座三越　佐藤氏は末富で修業していた。

*23　ほかにも京都には、神仏の各宗教の総本山が集積し、ここに神饌菓子、供饌菓子の発展があった。賀茂別雷神社（上賀茂神社）、賀茂御祖神社（下鴨神社）、清水寺、延暦寺、醍醐寺、仁和寺、龍安寺などや、京都五山と呼ばれる南禅寺・天龍寺・相国寺・建仁寺・東福寺・万寿寺がある。また浄土宗の智恩院、浄土真宗の西東の両本願寺の存在がある。ここでも京菓子の大きな需要が存在し、またこれらの信者が京詣でをすることで、土産品や門前茶屋なども発展したのである。さらに京

都には、全国の神社の神官や大工の棟梁に免許状を与えていた吉田家と白河家の両本家が存在し、また歌学の二条家と冷泉家、郢曲・陰陽道・紀伝道・明経道の家々が京都に根をおろし活動をつづけた。刀剣研磨鑑定の本阿弥家、千利休の嫡流千宋旦らは、江戸幕府に招かれたが京都に定着していた。このように高度な教養を基盤とした遊芸文化、とりわけ華道と茶道の家元が京都に拠点にしたことで、他の古典芸能を始めとする文化関係者が京都に集中し、ここに菓子の需要と高い技術が発展し、維持されてきたのである。

*24 こうした関係を作家の五木(2014:219-120)は京都に滞在中の手記において次のように述べている。「明治以来、天皇は神格化され、絶対主義的天皇制が確立した。(中略)しかし、京都の人たちの天皇に対する意識はそうではなく、御公家さんたちのなかでいちばん偉い人、という感じだったと思う。格式やステータスはあっても権力者ではない。むしろ「文化の司祭」のような人だと見ていたのであろう。(中略)自分たちがサポートしてきた身分の高い人。でも貧乏で現世的な力はない。(中略)京都の人たちにとって、天皇家はカルチャーの中心でもあった。たとえば、和歌を巧みに詠むとか、雅楽を奏でるとか、園遊会を開くとか、芸術のパトロンであるとともに、その"親分"でもあったわけで、そういう意味で尊敬されていた。京都にはさまざまな「天皇家御用達」の店があるが、それは、天皇家に納めさせていただくというより、むしろ差し上げている、スポンサードしている、という意識のほうが強かったにちがいない。」

*25 菓子以外で京都で名をはせていたものに宇治茶があった。江戸時代の宇治茶師を研究した穴田(1971)によると、宇治の地のみで生産された覆下(おいした)茶という優れた宇治茶は、江戸時代を通じて幕府・朝廷・諸大名の茶御用となり、茶園と大規模な茶製所を持ち、茶の栽培から製造、販売を行う茶師は、"御茶師"と敬称され、特権を与えられた。また販売については束縛や干渉があったという。彼らは幕府や茶人大名と繋がり社会的地位も高かった。しかし、初期より構造的に経済的基盤が信用に偏重しており、次第に自園や茶製所を手放し、明治維新直後、幕府や諸大名の保護を失って、大部分が廃業、転業したという。こうしたときに、長年茶師の権勢に圧迫されていた、茶師以外の茶製造家が、玉露茶を改良して、良質煎茶をつくり、国内販路の開拓につとめ、茶所としての宇治を復興させた。そのため宇治茶の伝統は、茶師以外の新興茶商たちにうけつがれたというのである。菓子では、御用菓子司であった虎屋が現在、企業化し、御用菓子司としての名門を現在に伝えているが、多くの御用菓子屋は茶師に似た状況に陥ったことも推察されるのである。

*26 江戸時代には、藩主茶人として、有名な人物だけでも、石州流としては、大和小泉藩主片桐石州や出雲松江7代藩主松平治郷(不昧公)、肥前平戸藩四代藩主松浦鎮信、会津藩三代藩主保科正容、新発田藩四代藩主溝口悠山、新発田藩十代藩主溝口翠濤が、裏千家としては、加賀藩三代藩主前田利常や伊予松山藩久松家、初代仙台藩主伊達政宗が、武者小路としては、初代高松藩主松平頼重が、肥後古流としては、豊前藩主細川忠興等々が存在し、こうした藩では、茶道とともに茶の湯の菓子がつくられていたことが推察されるのである。

*27 設(しつら)えとの調和については、庭、露地、茶室という建築物、掛軸に茶花、花入れ、釜、水差し、茶杓、蓋置、茶碗、菓器などのすべてが関係する。また季節や時間帯といった自然光、風や鳥のさえずり、もしくは静寂などもこうした茶室で菓子を楽しむ要素となってくるであろう。

*28 引用した文章に( )内の言葉を筆者が追記した。

*29 正式な茶事などで用いられる菓子器の種類。5センチほどの縁淵がある。

*30 ヒアリング調査:茶人鈴木宗博氏 2017年9月26日 場所:持寄会(株式会社 堀九来堂)にて。

*31 ここでは、よく使用される菓銘や動植物の名をあげておこう。初釜では、「葩餅(はなびらもち)」「都の春」「未開紅」などがあり、祝いの菓子であれば、松、鶴、亀といった長寿や繁栄をもたらす動植物が用いられる。月間で菓子が変化するという意味ではないがおおよそ2月は、梅、雪、鶯が入る菓銘が多い。3月ごろは、節句の菓子「引千切(ひちぎり)」という菓銘の菓子があり、他には、貝、蝶、菜の花、春、草、わらびの文字が入る菓銘が多くなる。早春～4月ごろになると桜、花見、春が使われる。「花筏(はないかだ)」「花衣(はなごろも)」などがみられる。新緑～5月ごろの菓銘では、「落とし文」。その名もオトシブミという昆虫がつくりだした造形美を模したもの、「岩根つつじ」は山の斜

面の岸壁に咲くツツジを表現している。6月ごろには、「水牡丹」、水無月、紫陽花、氷室、青梅が、7月ごろには七夕にちなんだ、糸や天の川、鮎、竹などが用いられる。8月ごろになると、水や玉すだれ、氷など、涼を感じさせる菓銘となる。9月ごろには、菊、月見、「初雁」「待宵草」などがある。10月ごろになると実りの秋、収穫をイメージさせるもの、稲や実、幸、鳴子、雀といった言葉が使われ始める。そして紅葉の始まりを感じさせる菓銘となる。11月ごろでは、炉開きの菓子「亥の子餅」があり、他には紅葉、銀杏、綾部、吹き寄せ、きのこ類、路（みち、たとえば「紅葉のみち」など）などが秋の深まりとともに変化して用いられる。12月、新年を迎える準備が始まる季節には、雪、冬、氷の意匠や菓銘が好まれる。一か月ごと変化させる菓子屋もあるが、現在も多くの菓子屋は、二十四節気にあわせて、生菓子や蒸し菓子の意匠（デザイン）を変化させて、季節感を先取りしている。こうした菓子屋では、年間24種類以上（3から5種類の上生菓子×二十四節気もしくは12か月など）の菓子がつくられていることになる。

*32　ヒアリング調査：亀屋良長主人　2016年3月12日　場所：亀屋良長。

*33　ヒアリング調査：鈴木宗博氏　2017年8月16日　場所：ご自宅にて。

*34　道元禅師の定めた『永平清規（えいへいしんぎ）』の「典座教訓」（食事をつくる心がまえ）と「赴粥飯法」（食事作法）は、日本で最初に食礼が書かれたもので、かつ、懐石と菓子の発展に影響をあたえた史料として重視されている（鈴木:1996）。ここに点心の数々が伝えられている。「点心」とは、禅院の間食を指し、朝と夜の間に用いられたもので、たとえば、饅頭・羊羹・水繊・水晶包子・索麺などである。

*35　「茶の湯の起源とされているのが、大徳寺・妙心寺などで厳修（ごんしゅう）されていた茶礼である。中国（唐・宗）の禅林で行われた重要な儀礼で、その詳細は、『勅修百丈清規（ちょくしゅうひゃくじょうしんぎ）』に規定されているが、簡単にいえば、禅寺で達磨忌・開山忌・新住持の晋山式（就任式）・夏安居いわゆる摂心得の統制と円了、あるいは有力な檀越（だんえつ）の来寺などの際に、住持（じゅうじ）以下一山のおもだった僧侶らが列座して、同じ点心を食べ同じ茶を喫する厳粛な儀礼である。（中略）たとえば達磨忌の茶礼であれば、法堂（ほうとう）か方丈に達磨の画像をかけ、前に卓を置いて香・花・灯の三具足を飾る。定刻になると、相伴者が威儀を正してまちうけるうちに、住持が臨場に、達磨の画像前に香をたき、うやうやしく三拝して所定の座につく。ついて役僧が点心と茶を達磨に供え、やがて点心をおろして住持の前に運ぶ。住持はそれからみずからの分をわけとって次にまわし、以下順次に点心をとってこれをいただく。そこで役僧は達磨に献じた茶をおろして住持の前に供し、住持はこれを一口飲んで次にまわし、一同のみおわったところで住持が退場する。（中略）一味平等の仏性に帰一し、そこにおいて一座一体となること、それが茶礼の神髄髪である。この茶礼の和合一体の精神が、やがて、茶の湯の成立の指導原理となる」。芳賀幸四郎・西山松之助編者（1962）を参照。

*36　ヒアリング調査：鈴木宗博氏　2017年8月16日　場所：ご自宅。

*37　ヒアリング調査：鈴木宗博氏　2017年8月16日　場所：ご自宅。

*38　ヒアリング調査：鈴木宗博氏　2017年8月16日　場所：ご自宅。

*39　なお本書は、京菓子の重要な要素として、小豆を取り上げたが、小豆と対になるほど重要なものは水の質である。製餡の段階で、大量の水を使用するためである。和菓子づくりに適した水は、軟水であり適度にミネラルのバランスが整っているもの、そして水温も重要となる。京都は井戸水が豊富で、このような条件が整っていたといえる。そのため、水質が良くない地域、または軟水ではない地域での和菓子づくりは、作業の困難さを伴い、さらに風味の点でも劣ることになる。しかし、現在は、浄

表3章注 二十四節気		
一月	元日	小寒 大寒
二月	節分	立春 雨水（うすい）
三月	彼岸	啓蟄（けいちつ） 春分
四月	花見	清明 穀雨（こくう）
五月	端午	立夏 小満（しょうまん）
六月	夏越しの 祓え	芒種（ぼうしゅ） 夏至
七月	七夕	小暑（しょうしょ） 大暑（たいしょ）
八月	盆	立秋 処暑
九月	月見 彼岸	白露 秋分
十月		寒露 霜降
十一月	亥の日	立冬 小雪
十二月	大晦日	大雪 冬至

*中列は年中行事等

水器や軟水器の導入などによって、次第にこうした悪条件を乗り越えることができるようになったといえる。なお、余談であるが、虎屋はパリに支店を持ち、そこでは製餡することはなく、餡を日本から輸入している。和菓子の品質について、原材料としての小豆はもとより水の重要さがここにも示されている。

*40 「本場の本物」に認定されている吉野の葛は、江戸時代後期の農業書『製葛録』にある当時の製造方法を踏襲し、製造工程では、水による精製は5〜6回繰り返す。その際大切なことは、水温が低いこと、良質な水であることである。これを「吉野晒し（寒晒し）」と呼ぶとともに、地域では唯一、昔ながらの桶を使用した製法を踏襲していることが特徴である。原料の葛根は、葛の成長に適した雑木林が植林など森林整備の影響で減少したことや輸送手段の発達等により、昭和以降は従来の吉野地域だけでなく、奈良県地域のほか全国の良質の葛根を原料としている。

*41 「丹（まごころ）の里」活性化推進協議会（丹波市・丹波ひかみ農業協同組合・丹波県民局）HP参照　http://magocoro.tamba.sc/azuki2/　2017年1月6日最終確認

*42 ヒアリング調査：黒さや大納言小豆生産者柳田隆雄氏　2015年5月10日　場所：兵庫県丹波市春日町東中

*43 近年では、このような優れた品質を有する小豆をブランド化する動きもある。丹波ひかみ農業協同組合、丹波市産業経済部、丹波市商工会、生産者代表、丹波農林振興事務所、丹波農業改良普及センター等で構成された丹波大納言小豆ブランド戦略会議は、丹波市の丹波大納言小豆における産地復興に向けた活動の中で、丹波市の代表的な特産物「丹波大納言小豆」について、①丹波大納言小豆（丹波市産）を活用した丹波市内外への需要喚起、②品質向上を含めた生産拡大によるブランド強化に向けた戦略を展開する、としている。https://web.pref.hyogo.lg.jp/tnk11/270527dainagon.html　2017年9月22日最終確認。

*44 「きんとん」という菓子であれば、芯となる餡玉に、そぼろ餡を箸で添えていく、この加減が口当たりにも重要になるだろう。このような職人の勘、熟練によって見極められてきた餡の品質や食感といったものは、小豆の調理特性として研究されるなど、科学的に分析されるようになっている。

*45 ヒアリング調査：亀屋良長主人　吉村良和氏　2017年8月16日　場所：亀屋吉長。

*46 ヒアリング調査：亀屋良長主人　吉村良和氏　2016年3月12日　場所：亀屋吉長。

*47 ヒアリング調査：卸商社株式会社小田垣商店代表小田垣憲三氏　2015年3月26日、JA丹波ひかみ本店企画課課長および兵庫県丹波県民局丹波農林振興事務所丹波農業改良普及センター小豆担当者　2015年4月3日、兵庫県丹波市春日町東中　黒さや大納言小豆生産者柳田隆雄氏　2015年5月10日。

*48 ヒアリング調査：塩芳軒主人 髙家昌昭氏　2018年1月13日　場所：塩芳軒

*49 「和菓子の木型、継承の危機…京都などで職人ゼロ」2017年8月25日読売新聞。
http://www.yomiuri.co.jp/osaka/news/20170825-OYO1T50015.html?from=tw
2017年9月6日最終確認。

*50 ヒアリング調査：塩芳軒若主人髙家啓太氏　2016年2月12日　場所：塩芳軒。

*51 全国菓子研究団体として、日本菓子協会東和会、名和会、大阪二六会、日本菓業振興会、滋賀二六会、松江松和会などがある。

*52 京菓子協同組合では、茶道をはじめ（これは職人個々人で取り組まれていることが多いが）、華道や書道などの和菓子職人に必要とされる教養に関する講座も開催されているという。ヒアリング調査：持寄会にて。組合役員の方々より。

*53 1958年に出版された『京菓子講座』（製菓実験社）で紹介されている材料はすべて尺貫法で記載されており、別項に換算表が掲載されている。つまり、昭和の半ばでも、和菓子の現場では、尺貫法が当然のように使われていたのである。

*54 全国和菓子協会が「選・和菓子職」という資格を設けたことによってある一定の基準を提示した。全国和菓子協会の専務理事藪氏によると、2007（平成19）年に制定された「選・和菓子職」では「優秀和菓子職部門」と「伝統和菓子職部門」があり、「優秀和菓子職部門」は、技術全般に対する認

定であり、ベテランの職人にとっても難易度が高い試験といわれている。一方、「伝統和菓子職部門」は、羊羹、最中、蒸し菓子、焼き菓子、流し物、打ち物、押し物、その他伝統的にして普遍的な和菓子、餅や団子を含めて単品でつくり続けているもので、連綿と続けられた手仕事と伝承に対して認定されるものとなっている。しかし、和菓子の表現、意匠は、地域差がある。関東では「はさみ菊」に代表されるような写実的なものが、関西では、わびさびといった言葉に象徴されるような簡素化され、抽象的な表現が伝わっている。

*55　（　）内は、茶名、号である。

*56　近代数寄者と呼ばれた人々は従来の茶の湯にこだわらず、日本美術という観点から茶の湯の名物道具を積極的にとり入れた。代表的な人物として、三井物産の創始者である益田孝（鈍翁）がいる。益田鈍翁は、国宝あるいは重要文化財に指定されているような数々の美術工芸品をコレクションし、これを展観する茶会も行った。このことによって、明治維新で捨て置かれた数々の名品が日本に留まることになったとも言われている。そのほか根津嘉一郎（青山）、小林一三（逸翁）、五島慶太などもすぐれた茶道具のコレクションを有し、こうした茶会の終焉とともに彼等のコレクションは根津美術館、逸翁美術館、五島美術館などに残され、日本の文化遺産の一つになっていると思われる。

*57　ヒアリング調査：塩芳軒主人髙家昌昭氏　2013年10月8日　場所：塩芳軒。
　　　髙家氏は当時の京菓子協同組合会長で、また2017年度の卓越した技能者（通称「現代の名工」）を和干菓子製造工として授与された。技能功績の概要として「長年京菓子作りに従事、京菓子全般、特に干菓子に精通し、その技能は国内外で高い評価を得ており、南蛮菓子の一つである有平糖の製造に於いては比肩する者のない技能・知識を有する。有平糖は茶道と共に発展し、特に京都では不可欠な御菓子であり、髙家氏は貴重な担い手である。全国の技術講習会や大学等において講師を務め、技能伝承において重要な役割を担っている」として表彰された。厚生労働省HP参照 https://www.mhlw.go.jp/file/04-Houdouhappyou-11806001-Shokugyounouryokukaihatsukyoku-Nouryokuhyoukaka/0000183195.pdf　2020年4月30日最終確認。

*58　株式会社 カジワラHP参照 https://www.kajiwara.co.jp/company/history.html 2017年11月13日最終確認。

*59　レオン自動機株式会社HP参照　http://www.rheon.com/jp/company/page.php?id=50 2017年11月13日最終確認。

*60　ヒアリング調査：髙島屋京都店安井秀典氏　2017年9月27日　場所：髙島屋京都店。

第4章

新しい価値の登場

アート化（唯美化）、コラボレーション、プロジェクト

3章で検討してきたように、京菓子のアクターは、茶の湯という共有された制度と言説のもと相互行為と期待を調整することで、茶席で呈される菓子の価値づけを行ってきた。具体的には、「茶事」や「茶会」の菓子は、亭主のもてなしの心、心入れを具現化するツールの一つとして、しつらえや道具との調和の美しさといったものが評価される。さらに、茶を活かし、茶により添うことが求められる。また会話のきっかけとなるような抽象的な意匠と遊び心ある菓銘といった「しかけ」も要請される。こうして、伝統的に菓子や菓子屋は、茶の湯に添う「奥ゆかしさ」が美徳とされてきた。

　また、こうした茶会を催し茶席の菓子を注文する需要者は、歴史的には高い社会的階層であった。そして、このような菓子を誂えることができたのも、これらの需要者に必要とされる高品質な材料を見極める知識や高い技術が職人の徒弟制度によって継承される「御菓子司」と呼ばれる菓子屋であった。この買い手と売り手の関係は、代々「暖簾」によって継承されている。つまり、菓子の評価は、職人個人の技術の高さや意匠のアイディアというよりもむしろ、伝統を重んじ需要者の好む菓子といった情報や、趣旨にそった菓子を誂えることができるといった技術、またそれが「暖簾」への信頼と評価となって暗黙的に構築され継承されてきたものといえる。この特徴から、京菓子、とりわけ茶席の菓子はボルタンスキーとテヴノの七つのシテ概念のうち「家内的シテ」の原理による評価がなされていることが裏付けられる。

　ところが、これまで伝統を守り、その意匠と心を職人技の伝承によって今日にその素晴らしさを伝えてきた「京菓子」「御菓子司」においても、代々の顧客筋、すなわち暗黙的にその価値や知識を共有してきたアクターが衰退している。統計からも、高度経済成長期に増加していた茶道を嗜む人口の減少が確認でき、また「御菓子司」の主人が「昔ながらの顧客が減り、観光客の割合が増えている」という状況を吐露していることからも、これまで京菓子の伝統を支えてきた顧客が衰退し、新たな顧客が登場していることが示されているのである。

　こうした顧客の変化、そのニーズにあわせて商品や経営形態を変化させることが、一般的な企業の成長戦略である。しかし和菓子業界では、伝統や茶の湯の規矩を重んじそれが美徳とされてきたために、工業化が進展してもなお家内的シテの価値がもっとも重視され、尊ばれてきた。

ところが近年、家内的シテ、工業的シテとは異なる新たな和菓子の価値を提示するような萌芽的な活動がみられるようになっているのである。

　本章では、伝統的に価値づけられてきた菓子の評価を超えて、和菓子業界に芽吹き始めている和菓子の新たな価値づけについて検討したい。

　これは、従来の伝統的価値づけとの「不協和」（D. スターク）から、こうしたイノベーションが生まれているのではないかといった点、また京菓子や茶席の菓子の良し悪しの判断ができるアクターであった茶人や茶道を嗜む人々に代わって台頭してきた一般消費者による和菓子の価値とはどのようなものか、についても検討を行う。

1. デザインとのコラボレーション
——亀屋良長の活動

　はじめに紹介する亀屋良長（かめやよしなが）は、創業200年以上の老舗の京菓子屋であり、3章で記載した「菓匠会」の会員である。近年はテキスタイルデザインとのコラボレーションやパティシエとコラボレーション、健康に配慮した創作菓子をつくるブランドの立ち上げなど、伝統を重んじる京都の菓子屋のなかでも積極的な事業展開を行い注目されている。

　亀屋良長は、1803（享和3）年に暖簾分けによって創業し、現在も京都市下京区四条通堀川東入北側に店舗を構えている。8代目の吉村良和氏からのヒアリングによって、新しい菓子を展開し始めたきっかけを確認した。吉村氏は、脳腫瘍を患ったことによってこれまで受け継がれてきた京菓子の世界観、事業の方針、菓子の在り方などを再考することになったという。また他の業種業態とのコラボレーションも積極的に受けることとなった。

　最初のコラボレーションは、2009（平成21）年の茶会の菓子の注文をきっかけとして出会いのあったテキスタイルデザインの会社W社である。このデザイン会社は「新しい日本文化の創造」をコンセプトとし、オリジナルのテキスタイルによって地下足袋や和服、家具等を製作、販売する京都のブランドである[*1]。

　次に2010（平成22）年に、パリの2つ星レストランでシェフパティシエをして

いたF氏が和菓子を学びたいとして知人の紹介を通じて入社した。百貨店の催事をきっかけに、亀屋良長の伝統的な菓子に洋菓子のエッセンスを取り入れた新ブランドを立ち上げることになった。最初のテキスタイルデザイン会社とのコラボーレーションは、和菓子とそれを包むものといった異業種間での組み合わせであったが、この新ブランドは和洋折衷の菓子の考案となった[*2]。

　2013（平成25）年には京都商工会議所主催の「知恵ビジネスプランコンテスト」に認定された。ここで同時に認定されたD社（認定理由は、カカオを現地発酵・自家焙煎した高級チョコレート材料の生産、販路開拓による）の誘いにより、チョコレートの材料を活かしたコラボレーションの菓子がつくられた。

　亀屋吉長にとって転機となったいずれの事業も、コラボレーション先やパティシエ側から誘いを受けたものであり、和菓子業界外のアクターが和菓子に興味関心を持ったことがきっかけで始められた事業であることが特徴的である。それでも京都では、伝統的に業界の暗黙の矩（のり）を超えないこと、むしろ横並びであることが当然視されており、当時としては異端的な行為、ないしは出来事であった。吉村氏が脳腫瘍を患ったことに加え、2010（平成22）年のパティシエとのコラボーレーションによるブランドが立ち上がった当時、亀屋良長の経営状態は芳しいとはいえなかった。この新しいブランドが百貨店の催事を通じて、人気となったため経営状況が好転したという。

　2016（平成28）年には、顧客筋や店主自らの健康に関する興味関心（ヨガやマクロビオテックの実践）から、健康志向の顧客にも対応した和菓子のブランド「吉村和菓子店」を立ち上げた。たとえば糖尿病を患う顧客にも対応するような和菓子の開発である。すでにフランスでは菓子の健康志向が進んでいるが、和菓子においても保存料などの添加物の不使用だけではなく、有機栽培や血糖値を急激に上昇させない材料（高度に精製された白砂糖や粉類以外の材料）でつくられる身体にやさしい和菓子の登場と新しい品質による価値づけが期待される。このような菓子は、わざわざこれを目当てに来店する様子から、若い顧客だけでなく健康に気を遣う年配の顧客にも支持されていることが読み取れるという[*3]。

　このように、これまでになかった新しい活動を行うにさいして、亀屋良長の主人（写真4-1）は代々店に伝わる見本帳や配合帳（写真4-2）を見直し、代々の

写真4-1　亀屋良長の主人吉村良和氏。
代々伝わる膨大な木型や菓子見本帳、御用をつとめた証となる菓子の行器（ほかい）が保管されている

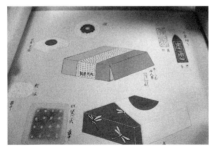

写真4-2（左上）　菓子の配合帳に残された記録（亀屋良長蔵書より）
写真4-3（右上）　亀屋良長に残されていた戦時中の菓子の意匠（亀屋良長蔵書より）
他に「砲弾もなか」「肩章」など戦時中の図案があった
写真4-4（左下）　亀屋良長に残された戦時中の菓子の意匠その他（亀屋良長蔵書より）
写真4-5（右下）　亀屋良長に残されている西洋菓子のレシピ。主人によると顧客の要望によってつくられていた
のではないか、とのこと

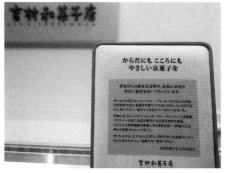

写真4-6（上）新しいブランドの立ち上げ「吉村和菓子店」。店名は和菓子店であるが「京菓子」として販売されているものもある
写真4-7（左下）「吉村和菓子店」焼きココナッツ
写真4-8（右下）「吉村和菓子店」焼き鳳瑞ほうずい〈種まき〉

この店の主人が和菓子に対して自由な発想で世相を反映した菓子をデザインし、顧客の要請から西洋菓子づくりの研究を多くしていたことを認識するに至った（写真4-3〜5）。創造性を常に加味することで、伝統を継承してきたことの発見が、現在の新しいブランドの立ち上げやコラボレーションを快諾する決断に至った背景にある、と述べている[*4]。

　和菓子はこれまで、茶の湯という場にふさわしい枠を設けることによって、技術的にも芸術的にも大きな飛躍を得られた。しかし現在は、こうした条件を超えることもまた必要とされているのかもしれない。伝統の維持とイノベーションが、こうした京菓子において共存しているのである。

2. アート化する和菓子──日菓、杉山早陽子氏の活動

　次に創作和菓子ユニット「日菓（にっか）」の活動を検討してみよう。

日菓は、2006（平成18）年に活動を始めた杉山早陽子氏・内田美奈子氏の女性二人和菓子作家のユニットである。彼女たちの出会いは、京都の和菓子店である。ここで彼女たちは製造部門とは異なる業務（包装、販売）に携わっており、菓子づくりはプライベートで行っていたという。彼女たちがつくる菓子はその店の伝統的な「カラー」とは違うとのことで他の和菓子店に移り、和菓子づくりを学ぶことになった。その後菓子を学びながら、京都を中心に展覧会やワークショップ、お茶会や結婚式の引き出物の菓子づくりなどを行ってきた。彼女たちのつくる菓子は、身近な日常やその節目の出来事に起こる心情や情景を、上生菓子のサイズ、色彩、材料によって「作品」として表現している。これらの菓子は、おしゃれで、ユーモアあふれる意匠と菓銘（ネーミング）で人気となった。

　こうした「日菓」の活動は、二つのシテにかかわるものであるといえる。一方では、和菓子づくりについては、「材料や生地、色のつけ方など、これまで自分たちが学んできた和菓子の範疇を超えないこと」（日菓2013：175）が重視されている。すなわち、日菓の和菓子づくりには、家内的シテに特徴的な「師匠」と「弟子」といった徒弟制度のなかで習得されてきた規律や技術が伝承されていると考えられる。他方で、それは「わたしたちが表現するのは雅で奥深い世界ではなく、日常いま」（日菓2013：172）であり、「作品」として表現されるものである。すなわち、家内的シテからインスピレーションのシテへの移動が読み取れる。

　杉山氏によると、日菓は10周年となる2015（平成27）年末に解散し、杉山氏は和菓子作家として独立した（写真4-9）。作家としての活動は和菓子の「展覧会」の開催などで、店舗は「御菓子丸」として活動を開始した（2017〈平成29〉年11月オープン）。杉山氏は鑑賞から食べるまでの行為を一つの作品として捉え、記憶に残る一瞬を和菓子に込めて製作することを活動のコンセプトとして挙げている。

　「展覧会」の菓子は、和菓子作家（和菓子職人）が捉えた身近な日常やその節目の出来事に起こる心情や情景を上生菓子のサイズ、色彩、材料によって表現されたもので「作品」として展示されている。来場者は展示されている菓子を鑑賞した後、そのなかから好みの菓子を味わうことができる。

展覧会の名称は、2016（平成28）年3月に行われたものでは「生に在るもの」展、ここで展示された菓子の菓銘は「種子」「しわ」「浸食」「森の口」「みずまがたま」等々である。「生」をテーマとし、「種子」といった生命を感じるものや「しわ」や「鉱物」といった時間の移ろいを和菓子で表現しているという。これらの創作和菓子は、インスピレーションのシテにおいて価値づけられており、愛好家もこうした価値を共有しているのである。

　これらの菓子には茶席の菓子に見られるような、主人が客人をもてなすための目的に沿ったもの、茶道の規範に対する制限などの要素が（注文による和菓子以外では）取り払われていることが特徴である 。また菓子の表現方法は現代アートを連想させるもので、従来の古典文学や花鳥風月といった季節を感じる和菓子というよりも「アート」のイメージに近い。

　シテの違いは素材や道具にも表れている。伝統的な和菓子には使われていなかった生クリームの絞り口金が用いられるなど新しい試みも見られる。新しい素材や道具が用いられており、さらにその意匠に関しても抽象的な要素を含み、伝統美、伝統的な色彩が生かされつつ質感や素材にこだわりが感じられる。その一方で、これらの和菓子は茶席の菓子で特徴的なように、客が亭主から菓子の「菓銘」を拝聴してその意匠と菓銘の意味合いに合点がいくという高尚な遊び心を現代風に生かした点は維持されているのである。ここにはつくり手と消費者の間で、美学的インスピレーションが共有されているといえる。

　ただし、このような活動形態やアートのような和菓子は、家内的シテに特徴的な空間、たとえば、京都という伝統や格式と、業界のヒエラルキーが存在する環境、かつ「京菓子」そして「茶の湯」においては、こうしたイノベーティブな活動は和菓子の品質の良しあしを理解していない好事家として、あるいは異端的な存在として評価される恐れがある。

　事実、京都の老舗和菓子事業所の主人によると「彼女たちの活動は、むしろ京都以外、他の地域で話題となり評価が高かった」という[5]。また茶道関係者では、多くの茶人が購読している月刊の茶道誌『淡交』に彼女たちがつくった菓子が連載されているのを見て、心情的に「抵抗」を感じたそうである[6]。

　ここにコンヴァンシオン理論でいうシテの間の妥協（インスピレーションのシテと家内的シテ）が現れている。スターク（Stark:2009）のいう様々な価値づけの

図4-1 家内的シテとインスピレーションのシテに見られる和菓子の用いられ方の違い

茶会のなかの和菓子

アートとしての和菓子

出所) アートとして展示されるギャラリーでの考察によって筆者作成
註) 茶会ではもてなすものとして菓子が用いられ、アートとしての和菓子は、和菓子そのものが主役となり、かつ鑑賞者は消費者である。

間での「不協和」、すなわちコンフリクトを通じたイノベーションの創出過程を見出すことができるのである。

　この和菓子の用いられ方が顕著に表れる「場」と「和菓子の役割」の違いを図4-1に示した。菓子が展覧会に並ぶ作品 (写真4-10) であるとすれば、作家は菓子によって思いを提示し、菓子は鑑賞する対象となる。つまり菓子を見て味わうのは「需要者」であり「鑑賞者」であり、「消費者」である。ここでは、和菓子が行事の主役になって、作家と消費者が和菓子を介して直接結び付く関係になっている。他方、茶事や茶会の菓子は、他の設えとの調和のなかにあり、客人をもてなすツールとなるのである。それぞれ家内的シテとインスピレーションのシテのそれぞれの秩序が混在しているが、和菓子の新しい楽しみ方、つまり価値づけを提示されていると考えられる。

　ボルタンスキーとテヴノの図式を再び想起すると、インスピレーションのシテという「上位原理」のもとで価値を持つ発明や芸術品と同様に、日菓の例は作家の感情を和菓子が体現することで、特異性を持った和菓子という財が生み出されることを示している。

　このような菓子は、現代芸術の領域でポップ・アートという現代の大衆文化が生み出す図像や記号、既製品を絵画、彫刻の領域に大胆に取り入れた現代美術の一傾向として説明することも可能になるであろう。暮沢 (2009:75) によ

写真4-9（上）　和菓子作家　杉山早陽子氏。会場は、東京オン・サンデーズ（ワタリウム美術館地下）。展覧会名は、「和菓子の展覧会＆和菓子カフェ〜生に在るもの〜」

写真4-10（中右）「展示」される和菓子。会場は、東京オン・サンデーズ（ワタリウム美術館地下）

写真4-11（中左）「展示」される和菓子「種子」。会場は、東京オン・サンデーズ（ワタリウム美術館地下）

写真4-12（左下）　伝統的な和菓子の道具ではないものを使用している。伝統的な京菓子は、「竹べら」などの道具をつかって表現するが、これは洋菓子の道具である「絞り口金」を使用して繊細な表現をほどこしている

ると、ポップ・アートの最大の意義は、何といっても高級文化と大衆文化という従来の区分の再考を促したことにある。それは、抽象表現主義からミニマル・アートという流れへと進展したアメリカのモダニズム美術に対してオルタナティヴを提示し、新たな価値観を生成するものでもあった。またこのポップ・アートのような大衆的イメージを流用した表現が、モダニズム芸術のブルジョワ的価値観を強く否定するものであったのである（暮沢2009:169）。

　用途から区別するならば、これまでの和菓子は、もてなしのツールとして存在していた。またワインが、「食事との一体性」（麻井1981:253）にその本質があったように、和菓子の存在もまた茶と対になるものであった。しかし、日菓や杉山氏の活動は、菓子が茶の湯や茶という飲み物から独立し、鑑賞する対象としてつくり手の想いを表現するツールとなり、それを食するという体験型の意義が加えられている。つまり食べる現代アートとしての転換を示している。このように家内的シテとインスピレーションのシテの間での妥協や不協和がイノベーションの源泉をなしていると捉えることができる。

3. 地域とともにあるアトリエ
——wagashi asobiの活動

　次のインスピレーションのシテに対応する事例として、東京大田区の商店街の一角を拠点に活動する「wagashi asobi」という稲葉基大氏と浅野理生氏のユニットを取り上げたい。

　彼らの原点は、老舗事業所に和菓子職人として勤務するかたわら、友人らと国内外のイベントで創作和菓子をつくっていた活動にある。こうした活動が人気となり、勤務との両立が難しくなったために独立を決意し、2011（平成23）年に実店舗を構えることになった。この店舗は「和菓子店」としてではなく、「アトリエ」として位置づけている。

　2013（平成25）年には、パリで開催されたTOKYO CRAZY KAWAII PARISで、「wagashi asobi」独自のデザインの和菓子「旅するひよこ」を紹介するなど国内外のイベント等を通じて新しい和菓子の世界を提起しているほか、

アトリエでも和菓子を販売している。販売されている菓子は「ドライフルーツの羊羹」2,160円と「ハーブのらくがん」360円6種類（季節限定の商品もある）のみである。

浅野氏が考案した「ドライフルーツの羊羹」は、伝統的な羊羹の主要な材料である小豆からつくられた餡に、イチジク等のドライフルーツ、黒糖、ラム酒を合わせ、パンに見合うように味のバランスを調整したものとなっている。この「ドライフルーツの羊羹」は、パンに合う羊羹としてメディアで話題になり、2013（平成25）年度大田区「おおたの逸品」認定、2015（平成27）年経済産業省「The Wonder500™」認定された*7。

また「ハーブのらくがん」は、現代の食生活に馴染みのある食材が使用されている。稲葉氏がニューヨークで勤務していたころに学んだノウハウが生かされたものである。ここでは、その商品や材料は、すべて日本からの輸入に頼っていた。そのため輸入が滞るといった事態に備え、様々な代用品を意識しなければならなかった。当時、ヨモギの代用品としてのローズマリー、甘味としてのドライフルーツといったものが、稲葉氏のなかで和菓子の代用の材料として想定されていたのである*8。

現在、アトリエで販売されている「ハーブのらくがん」は「ローズマリー」「ハイビスカス」「カモミール」「抹茶」「苺」「柚子」「南高梅」となっている。これらは、現在の食生活にあった和菓子の提案として販売されている。

「wagashi asobi」でつくられる菓子の材料は、友人、知人を通じて品質が優れたものを仕入れているという。稲葉氏が大手の老舗和菓子店に勤務していたころに扱っていた高品質の材料は、零細企業にとっては流通事情により仕入れには苦労がある。しかし自らのネットワークによって、納得する材料で菓子づくりを行っているのである。

「wagashi asobi」の運営について稲葉氏は、効率化や大量生産化による利益率の高さについては、菓子の味や風味と関係ないとして一蹴し、追求していないという。しかし、アトリエを開いた大田区の環境でどのように商売を行っていくのかといった点については、熟考したという。

アトリエの方針の第一は、地元の人々との繋がりをもっとも重視することである。稲葉氏によれば、和菓子屋は美味しいものをめざすと経営戦略や百貨店で

行われているような戦略、つまりマーケティングの考えとは、一線を画さなければならないことが明らかであるという。他にも稲葉氏は、現在の和菓子屋にみられる企業的経営に対する次のような疑問と独自の見解を持っている。

　稲葉氏は、和菓子屋という業態は利益確保、利益拡大のための効率化と大量生産化、あるいは、経済的な成長をめざす多店舗展開などの拡大路線を是とする企業とは異質な存在であると考えている。利益を追求することは和菓子の美味しさやその特異性には馴染まない。たとえば企業形態の整った和菓子屋に和菓子職人が勤務する場合、その工程や種類別に業務が分業化されているため、そこでの仕事は、「作業」的になることが多い。極端な場合、和菓子を製造する機械の手入れ、掃除を行うことが職人の業務になるのである。

　また、和菓子業界全般にいえることとして、企業形態で勤務する和菓子職人の収入は総じて低額であり、これらは和菓子職人の幸せに繋がっているとはいえない。しかしあるいは、一般企業と同様に、毎年昇給し、管理職を与えられるような組織形態であったとすれば、その場合は和菓子そのものが利益追求のツールと化しており、やはり和菓子の美味しさや特異性と関係づけることが難しいのではないか。

　そのため「wagashi asobi」では、和菓子をどう売るかではなく、「この町」とどうかかわるかをテーマとし美味しさにこだわり、そして地域で愛される和菓子、地域の手土産にしてもらう商品づくり、地域との関係づくり」を運営の第一目的にしているという。

　実際に、「wagashi asobi」の「羊羹」や「らくがん」は、地域の方々が手土産として購入しているという。またそれを贈られた人々に評価され、今度は彼らがまた別の友人たちにこれらを手土産とし、また贈るようになるなど、口コミでの広がりが見られるとのことである。通信販売も行っているが、まずは直接店に尋ねてきてくれる顧客を優先している。わざわざ足を運んでくれた、という気持ちに報いるためという。しかし、これもメディアで取り上げられることで品切れになることも多い。

　またこれまでは、都内の百貨店に「ドライフルーツの羊羹」を卸していたが段階的に取引をやめており、現在は店舗以外では、京急蒲田駅にある大田区観光情報センター Ota City Tourist Information Center（写真4-13、4-14）で

写真4-13（左上）　大田区観光情報センター
このセンターとアトリエのみで「ドライフルーツの羊羹」は販売されている
写真4-14（左下）　大田区観光情報センターで販売されている和菓子。食べ方も紹介されている
写真4-15（右）　ドライフルーツの羊羹切り口

写真4-16　wagashi asobiで販売される「ドライフルーツの羊羹」と「ハーブの落雁」。販売される商品のアイテム数は少ないが、これも小さな店舗の工夫とのこと。上生菓子などはすべて受注生産もしくはイベント時につくる

　のみで販売されている。この物産館は訪日外国人も重要なターゲットとして想定している。彼らは徹底して、和菓子、そしてアトリエを通じて地域との繋がりを重視し、活動の基盤にしている（写真4-15、4-16、4-17）。
　アトリエの方針第二は、稲葉氏が和菓子屋同士で交流することを必ずしも好ましいとせず、アトリエの運営やイベントは、他の業界の友人、知人とのネットワークを重視していることである。これは、稲葉氏が戦略や方針として考えたと

写真4-17（右） wagashi asobiアトリエ看板
写真4-18（左） wagashi asobiの稲葉基大氏
稲葉氏の馴染みの「カフェ」が閉店すると聞いて、アトリエとして引き継ぐ

いうよりはむしろ、アトリエを開く以前からの個人の人間関係、ネットワークに由来する。稲葉氏は写真家、イラストレーター、陶芸家など、様々なジャンルのクリエイター、アーティストたちと積極的に交流し、彼らとコラボレーションを行ってきた。こうした交流で和菓子づくりのアイディアがインスパイアされ、独自の世界をつくり上げることができたというのである。

　こうしたアトリエの運営の方針から、「wagashi asobi」で生まれる和菓子は、伝統的な家内的シテによる和菓子や和菓子事業所とは異なっている。また和菓子そのものがアート化している「日菓」の活動とも異なっていることが示されている。つまり和菓子事業所の経営形態がインスピレーションのシテに属している。

　稲葉氏が「新しい世界、才能、感性、アイディアからの学び、（このことを通じて）自分自身にも独創性が生まれる」と述べていることからも、こうした傾向が明らかである。また稲葉氏は、日本を代表するある老舗の「暖簾」からスピンアウトしたため、こうした暖簾の美学、偉大さを認めているし敬愛している。しかし自身は、和菓子の新しい世界の可能性を重視し、個人名、ユニットでの活動を行っている。和菓子屋の新規創業が難しいと言われる時代に、稲葉氏が老舗の和菓子企業を辞めて創業したことから見られるように、和菓子そのものそ

図4-2 「家内的シテ」による活動形態と「インスピレーション」による活動形態の違い

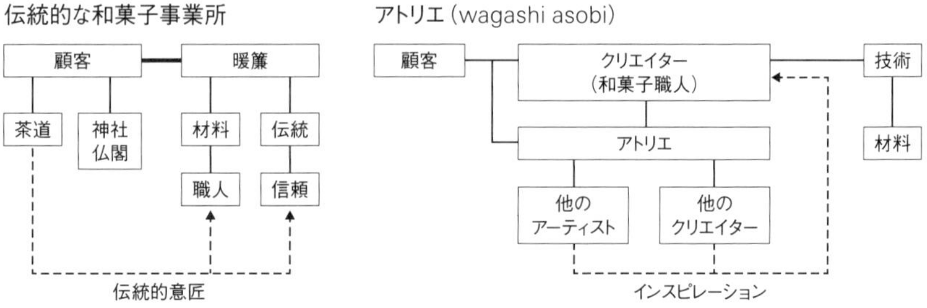

伝統的な和菓子事業所　　　　　　　アトリエ（wagashi asobi）

出所）wagashi asobiの活動形態とヒアリング調査から筆者作成

して経営形態そのものにインスピレーションや創造を促進する余地が、この和
菓子の世界に残されていることが理解されるのである。

4. パフォーマンスとソーシャルメディアの時代
——三堀純一氏の活動

　次にアートパフォーマンスとして、和菓子を魅せている事例を取り上げる。現
在、アーティスト、作家、プロデューサー、菓道家、和菓子店経営者など様々
な肩書によって活動する三堀純一氏の活動である。

　三堀氏は、1954（昭和29）年創業の横須賀の和菓子屋に長男として生まれ、
幼少のころより家業を手伝いながら和菓子の技術を身につけてきた生粋の職
人である。稼業を継ぐことを意識する年頃になると、和菓子職人に対して「野
暮ったいイメージ」が拭えず、家業を継ぎ和菓子職人となることに少なからず
葛藤があったという。

　バブル経済のまっただなかという時代背景もあって、和菓子屋も事業拡大が
進展し、企業形態へと転換が進んでいた。そのため経営者の子弟は、高校もし
くは大学を卒業後、和菓子づくりの技術を製菓学校で学ぶことが主流となりつ
つあった。三堀氏も同様に製菓学校に入学している。そこでは、他の生徒（そ

の多くが和菓子屋の後継者）が初めて和菓子づくりを学ぶといった段階にあるのに対し、彼自身は技術面についてすでに多くを身につけていた。そのため製菓学校では傑出した存在となり、和菓子づくりに対して積極的になり、また自信を感じられるようになったという[*9]。

　しかし、学校で初めて学んだ菓子もあった。それが、三堀氏の現在の代表的な作品の基礎となっている「鋏菊（はさみぎく）」という練り切り細工の菓子である。当時の指導者、梶山浩司氏（現東京製菓学校校長）がつくる5もしくは6寸の「鋏菊」から放たれている美しい螺旋を描く造形美に圧倒され、放物線に引き込まれるような気持ちになったとのことである。これが三堀氏の人生のターニングポイントとなる出来事となった。

　その後も、この鋏菊だけでなく、和菓子の伝統的な技法を用いた花鳥風月を表現する工芸菓子や練り切り細工の技術を鍛錬した。それだけでなく、寿司やピザなど他の食品を和菓子の素材で表現する「そっくり和菓子」の製作を通じ、創意工夫を行い技術面を高めた。こうして三堀氏は和菓子の素材や餡を用いた造形の才能を開花させていった。特に某人気テレビ番組では、和洋菓子混合のコンテストであったにもかかわらず、和菓子の工芸菓子の技術で優勝を手にし、これをきっかけに、よりマスメディアでも注目されることが多くなった。

　しかし、やはり旧態依然とした和菓子業界の雰囲気には違和感があり、また洋菓子の職人はパティシエとして、子供があこがれる職業になっているのに対し、和菓子の職人になりたいという子供は皆無であることに危機感を感じていた。そこで、和菓子職人とパティシエの違いを踏まえ、また周囲のアドバイスや社員の協力を得て、子供が憧れる存在でありたいという思いからスタートしたのが、「一日一菓」と題した和菓子の作品をインスタグラムで紹介する活動である。当初は、ソーシャルメディアによって和菓子の美味しさを伝える、というよりもむしろその美しさや、それを生み出す技術や技法などが紹介されていた。また自らが運営する華道や茶道に関連づけて名付けられた「一菓流」としての世界観を表現するために、かつ暖簾ではなく個人としての活動を印象づけるため、マスコミ関係者からのアドバイスを取り入れて、ヘアスタイルや衣装も統一するようになった（写真4-19）。これが2015（平成27）年のことである。

　次第に三堀氏の活動は、彼自身の容姿や出で立ちを含めて、フォトジェニッ

クなもの、「インスタ映え」する側面によって人気に火がついた（写真4-20、4-21、
4-22）。また、この活動形態のアートでもっとも注目を集めた作品が、オリジナ
ルデザイン「紅乱菊」であろう。深紅の練り切りの餡を用い、菊の花弁が乱れ
咲くように表現され、金箔がさりげなく装飾されている（写真4-23）。

　この作品は三堀氏自身が考案したものであるが、菓子木型作家の田中一史
氏によって完成された「針切り箸」という道具によって、より洗練された表現が
可能となった。この針切り箸による技法は2015（平成27）年の秋ごろから考案
され、試作が始まっており、「紅乱菊」はその完成形となる作品といえる。「針切
菊」と呼ばれる一連の作品が生まれる以前も「玉華寂菓」というデザインのシ
リーズ、「二面陰陽切“陰陽”」「上段三面巴切“焔”」「長花弁切葉包“草皇”」
「長花弁二面切“刹那”」といった鋏菊の技術によるオリジナル作品、シリーズ
が度々紹介されてきた。

　この針切で生み出される「針切菊」の花弁（鳥の羽のようにも見える）は一つ
ひとつにこまやかな動きとニュアンスがもたらされており、伝統的な和菓子の技
法である鋏菊が整然と整った美しさであるとすれば、針切菊は不規則な曲線の
美しさである。この「針切り」の技法の体得によって三堀氏は、「優れた和菓子
職人」から、和菓子を用いた表現を行う芸術家、作家・アーティストとしての活
動を確立したといえるだろう。

写真4-20（左上）乱菊白黄（菓道一菓流事業部提供）
写真4-21（左下）針切り菊九盛
（菓道一菓流事業部提供）
写真4-22（右上）紅乱菊をつくる三堀氏（パフォーマンス）（菓道一菓流事業部提供）
写真4-23（右下）紅乱菊（菓道一菓流事業部提供）

　これらの作品は、現代アートの鑑賞に要請されがちな作家自身の想いや背景の理解といった解釈を必要とするものではない。また対象物をリアルに再現する写実的なものでもなく、カワイイよりも、侘・寂といった日本の美意識が感じられ、かつ独自の造形美が兼ね備わって表現されているものとなっている。

　前述してきたように伝統的には、和菓子の美しさ、とりわけ上生菓子（主菓子）、干菓子は、「茶の湯」に添う日本独自の精神性（侘・寂）による美意識と季節感が基盤にあった。また一方で、近年の上生菓子には、「カワイイ」「キレイ」といった言葉に代表されるような分かりやすいデザイン、花や葉、ハート型といったモチーフが菓子の表面に貼り付けられているものが登場していた。

　しかし、三堀氏の作品は、和菓子の造形美を生み出す技術の基本が土台にあり、さらに熟練した技能を活かしたデザインとなっている。また伝統的な色彩

や「侘・寂」の表現方法がそこはかとなく維持されている。このような表現方法は、先代（父親）の影響をはじめ、東京製菓学校の羽鳥誠氏からの学びなど、「我以外皆我師」であり、他にも自然や風景など触れてきたものすべてと、今の自分自身の想いが織りなして生まれている、という[*10]。

　また三堀氏は、自身の活動をプロデュースし、価値を高める工夫も行っている。一つ目は、このオリジナルの菓子をつくり出す工程を魅せるイベントである[*11]。三堀氏は、「魅せること＝もてなすこと」としてイベントを位置づけている。このパフォーマンスイベントの活動は、茶の湯の茶室の設えにヒントを得ているという。会場は、照明や音響をはじめ、自身のビジュアル、服装や髪型といった部分においても、その雰囲気、世界観をつくり上げ、より作品を印象づけるような演出に工夫が凝らされている。作品そのものは、自然光によって生まれる陰影の表情を楽しむものとして捉えているため、会場も光と影によって作品が映えるように設定されている。

　現在は、中国やベトナムでのイベントに出向くことが多く、フランスでは2017（平成29）年3月に行われた「菓道 in Paris / Le «kadou» à Paris」や、「Salon du livre de Paris（BookFair）」といった本のプロモーションでのイベントでパフォーマンスを披露している。またオーストラリアの首都シドニーにあるオペラハウスで行われた人気料理番組のディナーイベントでは、デザートを担当し人気となった。国内では、東京二期会オペラの会報誌「OPERA」の表紙に「オペラ座の怪人」をイメージした作品が紹介されるなど活動の場を広げている。2017（平成29）年の秋に開催されたパリのサロン・デュ・ショコラでも解説付きの実演を行い話題となった。

　こうしたイベントを行う一方では、三堀氏は、自らが考案したオリジナルの和菓子や鋏菊の技術を弟子に伝授するといった、習い事ビジネスとしての展開も始めている。この背景として、「インスタ映え」と呼ばれるような写真をソーシャルメディア（FacebookやInstagram）などに掲載することが個人の情報発信の一つとして定着していることが挙げられる。美しい和菓子、インパクトのある和菓子は、こうした「インスタ映え」するものとして、現代の人々、消費者の興味関心を高めているのである。このような消費者の行動パターンをうまく捉えて、三堀氏は、和菓子を体験してもらうものとして位置づけている。生徒となる消費

者は、和菓子づくりを学び、完成した和菓子の写真を撮影し、これらをソーシャルメディアにアップし、友人知人からの「いいね!」という反応を楽しむ一連の「体験」にお金を支払うのである。

　現在、計画が進行している海外の施設では、和菓子を商品として販売するのではなく、三堀氏が運営する「一菓流」のブランドグッズの販売、そして、直弟子による和菓子教室の開催、作品の撮影スタジオ、着物の着付けなど和文化を体験できる総合アミューズメントスタジオになるという。こうしてパフォーマンスイベントを核とし、生産者と消費者ではなく、講師と弟子の関係で鋏菊などの和菓子づくりの技術を教え、菓子づくりを体験してもらうこと(習い事ビジネス)を展開しはじめている。この二つの活動形態によって、自身の活動を「菓道」、自らを「宗家」と称して、華道や茶道といった伝統的文化と関連して価値づけている。こうした権威を感じさせる名称は、アジア圏などでは支持されるものであろう。

　さて、こうした三堀氏の活動や斬新な行動は、国内の和菓子業界において異端的とみなされることは想像に難くない。彼の出自、作品が和菓子を基本としている以上、茶の湯の美学に沿うものが依然として品質の判断基準になるからである。加えて、家父長制度、家族的な調和を重んじる「家内的シテ」が息づく和菓子業界においては、属性がない異質なものとして認識される。

　ところが海外には、こうした慣習や茶の湯における和菓子の品質、評価という視点が皆無であるため、三堀氏の和菓子への反応、視点は、驚きをもたらす美的な要素が、日本文化のエキゾチシズムへの興味関心を掻き立てるものであったと推察される。なにより伝統的な技術と熟練の技によって裏打ちされている作品である点は、新しい和菓子の造形美や在り方を示しているだろう。

　これらをシテ概念で捉えると「家内的シテ」と「インスピレーションのシテ」の間の強いコンフリクトが生じているといえる。さらにスタークの理論「多様性のイノベーション」(Stark:2009)を参照すると、こうした価値観の相違によるコンフリクト、不協和は、組織のイノベーションをもたらし、結果的に持続可能な発展ないし成長が起こる、としているが、和菓子業界の中においてもこうした状況がみられるのである。

5. 和菓子のアート化（唯美化）と業界内の
　　コンフリクト

　以上、和菓子業界の萌芽的変化として、亀屋良長、日菓と和菓子作家杉山
早陽子氏、wagashi asobi というユニットの活動、そして三堀純一氏の活動をイ
ンスピレーションのシテの枠組みによって考察してきた。ここから、彼らの活動
は、家内的シテで説明できるような和菓子の価値とは異なっていることを確認
した。

　翻って、伝統的に職人がつくる「和菓子」の評価は、「茶の湯」の規矩に則っ
た伝統美や菓銘があること、そして代々伝わる「暖簾」という象徴的要素が、和
菓子の品質の高さを示すものであった。さらに、職人が和菓子の製造技術を習
得するためには、長期間の修業が必要であり、ここに師匠と弟子の関係が構築
されてきた。そして、独立開業の形態は「暖簾分け」が主流であった。こうして、
和菓子業界には、現在も家父長制度が脈々と受け継がれ、家族的な調和が重
んじられている。したがって、和菓子業界では職人は「暖簾」の下で働くものと
して、個人の名前は表には出てこなかった。

　しかし本書で検討してきた和菓子業界に現在萌芽的に表れているこれらの
活動では、個人名を明らかにして活動し、彼らがつくる和菓子は、「茶の湯」や
「暖簾」の美学とは異なる創造的な菓子となっている。こうした彼らの活動は、
「インスピレーションのシテ」の「上位原理」によって説明が可能となる。インス
ピレーションのシテでは、産業的形式、安定化、習慣、規範といった原則とは
異なる世界にあるものが評価され、価値を持つ。ここで評価の高さは、その独
自性、創造性に依拠している。また、その創造性故に、リスクをとることや異端
的であることを彼ら自身が引き受けていることも含まれている。

　そして、このようなインスピレーションのシテによって評価される活動形態は、
家内的シテとは対極にあり、現代の和菓子業界に大きな不協和を起こしている
といえる。

　では、現在の和菓子の食べ手、消費者側からの観点で、インスピレーション
のシテによる和菓子の活動を捉えてみよう。伝統的な和菓子のアクターが衰退
していることは前述のとおりである。現代の社会において、和菓子の新しい活

動形態を支えているのは、ソーシャルメディア（FacebookやInstagramなど）の影響が大きいといえる。顕著な動向として、「インスタ映え」という言葉が表すように、「和菓子」の味や食感を伝えるのではなく、人々の注目を集める写真映えするデザインやその美しさといったものが重視されはじめている。つまり、食べ物としての和菓子の価値、茶と対になる和菓子の価値から、見るための和菓子の価値へと価値の要素が転換しているのである。さらには、和菓子づくりの体験とソーシャルメディアに発信することを消費してもらうといった方向へと転換している。

　こうした状況を突き詰めると、一般のアート作品と食べることを主たる目的とはしていない和菓子の作品との差が何かといったような問題が提起される。また和菓子にも、装飾菓子、細工菓子*¹²と呼ばれる明治以降に発展した「工芸菓子」という領域があり、これは観賞用の菓子である。つまり、和菓子業界では、常に食べることだけを主目的にして発展してきたわけではない。ところが、現在の食べることを主目的としないアート化（唯美化）する和菓子や、彼らの活動が注目されるにしたがって、現在の和菓子業界におけるシテ間の不協和は顕著となっており、こうした状況は今しばらく続きそうである。

　一方、和菓子をアート作品と捉え、和菓子職人を作家と捉えると、今後はオリジナリティの観点から類似性の課題が問われることになるだろう。橋爪（2006）が述べているように和菓子業界は、これまでも地域に同種の菓子が集積し、ここでは、元祖や本家といった屋号による差別化や創業年数や由緒書きの信ぴょう性が問われてきた。しかし和菓子業界においては、日本の菓子は、中国やポルトガルなど海外から流入した菓子をアレンジして発展したもので、また「暖簾分け」によって同種の菓子が各地に広がったため、和菓子の類似性は、当然のこととして多くは問題視されていなかったといえる。

　また同業者が新しい和菓子の技術、レシピを共有し、業界の発展に努めてきたという過程があった。こうした点は、かつては、流通網、和菓子が生ものであるという特徴によって、特殊な場合を除き、地域間競争、顧客、商圏が重複しないことが大きな前提となっていたといえる。

　ところが近年は、インターネットを通じた情報は地域差なく共有されている。また流通網、通信販売の発展により、かつての和菓子屋の商圏は次第に消失

している。さらに百貨店では、著名な地域の生和菓子が販売され、今や全国
各地の菓子を豊富に品ぞろえした売り場が展開されている。

　こうした潮流において、インスピレーションのシテによって紹介したようなオリ
ジナリティのある和菓子の類似商品が次々とつくられている。このような状況の
なかで、和菓子業界では、「家内的シテ」と「インスピレーションのシテ」の間
で情動にみちたコンフリクトを起こしつつ、一方では、販売戦略の一つとして和
菓子のアート化が活用され、模倣品や類似の商品がつくられていると捉えるこ
とができる。

　商圏が消失しつつある現代社会において、これまでと同様に類似の和菓子
に対して寛容な業界でありつづけることができるのであろうか。つまり、作家の
オリジナルの作品は、知的財産としての問題を孕んでいることはもちろん、次世
代の和菓子職人、和菓子の作家やアーティストを目指そうする方々へのモチ
ベーションにもかかわる課題になるのではないかと考えられるのである。

6. 「プロジェクト」の萌芽 ── 「ワカタク」の活動

　ここでは和菓子業界におけるインスピレーションのシテの出現を明らかにし
てきたが、和菓子業界における新しい動向はインスピレーションのシテにとどま
らない。ボルタンスキーとシャペロが「資本主義の新たな精神」として論じた「プ
ロジェクトのシテ」によって説明可能となる活動もまた現れつつある。ボルタン
スキーとシャペロは資本主義を支える新たな精神としてのプロジェクトのシテの
存在を位置づけたが、和菓子業界のシテもまたそれぞれの資本主義の形態と
おそらく無縁ではない。

　ボルタンスキーとシャペロの第一、第二の精神をなすシテとの関わりから和
菓子業界の経営および販売形態をみると、前近代では、家内的シテに特徴づ
けられる暖簾や徒弟制度による技術・技能の継承といった点が価値の源泉で
あり、またその販売は、代々の顧客筋からの受注生産が中心であった。戦後で
は工業的シテに特徴づけられる大量生産化や多店舗展開など、規模の拡大・
衛生管理・規格化などが価値の指標となり、ここでは陳列された商品を顧客が

購入する販売形態が支配的であった。

　この第一、第二の精神を和菓子産業にあてはめてみると、第一の精神の段階にあっては、和菓子そのものも伝統的な植物性の材料、小豆や米粉を主体としたもので、その意匠は古典的で茶道の規律に従ったもの、もしくは、冠婚葬祭や年中行事などの趣旨目的に沿ったものである。

　また戦後の第二の精神の段階になると、卵や乳製品を用いた和菓子、チョコレートや生クリームを合わせた和菓子、フルーツを組み合わせた和菓子などが出現した。また機械化によって衛生面や効率性、そして包装材や食品添加物による賞味期限の長期化も和菓子の商圏の拡大に繋がり、和菓子職人の労働形態も変化したのである。したがって、工業的シテと市場的シテとの妥協が、戦後からこれまでの和菓子業界を支配しており、京菓子などの家内的シテにもとづいた真正性の追求が一部で併存しているという状態であった。

　そして現在の第三の精神である「プロジェクトのシテ」の上位原理によって説明可能となる動きは、代表的には、百貨店の催事として現れている[*13]。その好例として、百貨店の和菓子バイヤーが発起人となり、老舗和菓子事業所の若手後継を中心に構成されたチームによるプロジェクトである[*14]。

　2000（平成12）年ごろ以降、百貨店の食品売り場（デパ地下）は、服飾売り場に代わり、百貨店の集客の重要な位置づけとなった。以降、百貨店では、店や商品を育てる風土から一定の人気度・認知度がある店や商品を誘致する形態と変化していた。

　本書で取り上げる百貨店の和菓子のプロジェクトでは、メンバーは各地を代表する老舗和菓子事業所の後継者および現在の経営者であるが、新しいチャレンジ、イノベーションを図ることで、顧客に和菓子の魅力を伝え、百貨店側、メンバーがともに成長することが共通認識となっている。

　たとえば、通称「ワカタク」のプロジェクト[*15]では、催事毎に新しいテーマ、メンバーの動員、ネットワークの拡大が行われている。その一方で、これまでの経緯による既存の有機的なネットワークも存在し、そこでは発起人とは異なる菓子屋を営む若主人がその紐帯の中心にいる。プロジェクトの紐帯をなしプロジェクトを行う場を提供しているのは発起人であるバイヤーであるが、活動を盛り上げているのはメンバーの情熱と顧客からの好意的（熱狂的）な反応である。

この「ワカタク」と呼ばれるプロジェクトは、これまでのイベントの形態とは異なり、暖簾の垣根を越えて1箇所に複数の和菓子店の商品を陳列し、また和菓子づくりの「見せ場」も共有している。その結果、必然的にプロジェクトのメンバーは、暖簾の分け隔てなく、顧客にそれぞれの商品の良さを伝え、食べ方などを提案するマインドが醸成されることとなった。さらに和菓子をつくる場所を共有したことから、製造技術についても、切磋琢磨するという雰囲気が生まれ、全体として味や技術が向上したという。

　なかでもこの和菓子づくりを見せるという場所を設けたことによって、優れた技術を有する職人は、顧客から直接リクエストを受け、その期待にこたえる和菓子をつくっている。たとえばその意匠は、可愛らしいぬいぐるみのような動物を表したもので、親子連れの顧客やこのイベントで増加を見せている愛好家から好評を得ている（写真4-24～28）。

　バイヤーによると、食品、和菓子の単価は低く、驚くような売上数字にはならないというが、顧客からこのイベントが面白い、楽しかったという反響が多数あったことで（メールを300通ほど）、百貨店の本部、各支店でも大きなニュースとなり、百貨店内にこのプロジェクトを見守り育てようという機運が高まったという[16]。

　こうしたプロジェクトにおける和菓子の価値づけについて、「京菓子」で検討した要素「暖簾」「意匠と伝統美」「材料」「職人技」「道具」と比較して確認しておこう。まず家内的シテにおける象徴的要素である「暖簾」は、それぞれのメンバーの本拠地に根を下ろしているが、プロジェクトの通称「ワカタク」という看板によって、この暖簾が書き換えられることになる。また「意匠と伝統美」に関しては、百貨店に来店する顧客層に合わせたもので、茶道における伝統美とは異なっている（写真4-28）。「材料」については、親世代で行われた量産化による材料の品質の軽視の反省から、伝統的な材料を用い添加物を使わず和菓子本来の美味しさを目指している。

　練り切りの技術では、メンバーの一人、富山県高岡市の引網香月堂の店主引網康博氏（「選・和菓子職」認定者）が突出していた。しかし、前述のように和菓子づくりの場を共有し、コミュニケーションが必要な環境のなかで、次第にメンバーの技術も向上したという。現在は、イベントごとに設定されるテーマに

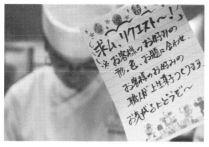

写真4-24（左）「ワカタク」での生菓子の実演販売
店頭に並べて販売する菓子だけでなく、その場で顧客の要望に応えて菓子をつくっている
写真4-25（右）引網氏の実演。親子連れの買い物客の目を引く

写真4-26（左上）リクエストがあってから2～3分で完成する
写真4-27（右上）完成した生菓子。親子から「可愛い！」と歓声が
上がる
写真4-28（左下）　実演販売では伝統的な意匠ではなく、かわいい
動物などのデザインが親子には人気となる

そった練り切りの上生菓子をつくっている。ここでつくられる上生菓子は、伝統
的な技術に根ざしているもので、表現や材料については、創意工夫によるが
「道具」については、伝統的なへら、三角へらなどによってつくられている。
　このような点から、ここでの価値づけの方向性は、伝統的な技術や材料に根
ざしながら、その表現や販売形態が百貨店に来店する顧客層に向けたものに
なっていることが読み取れる。このプロジェクトに毎回足を運んでいるという顧
客は「和菓子はいつも同じ商品だと思っていたが、ここに来ると新しいものが

買えるし、若旦那と話ができるので楽しい」と話してくれた。また「誕生日をイメージした生菓子をつくってほしい」とお目当ての若旦那に依頼する顧客もいた。つまり、プロジェクトのメンバーが、協力し、あるいは切磋琢磨し、このプロジェクトを楽しむといった情熱が顧客に伝わり、伝統的な技法によってつくられる和菓子を直接顧客に見せることで驚きや感動を喚起し、和菓子を購入する動機へと結び付いている様子が確認できる。

　したがって、これらの催事やプロジェクトは、「暖簾」や「地域の銘菓」としてではなく、「和菓子」そのものを価値づけて、新しい和菓子をつくり、実演しながら販売することで新たな価値と需要を創出していると言える。またこのようなイベントのファン、愛好家がソーシャルメディア（FacebookやInstagramなど）を通じて、友人や他の客とその感動を共有し、また他者へと影響を及ぼすことで、プロジェクトのネットワークは拡大している。

　また別の百貨店でも、こうした老舗和菓子事業所の若手経営者によるイベントが行われている。この事業は、「全国銘産菓子工業協同組合」に加盟している事業所の若手後継者、経営者によるものである。この組合の加盟店は、原則として、三代もしくは創業60年以上の歴史を持っていることが条件となっている。この百貨店では「全国銘産菓子工業協同組合」による「全国銘菓展」と呼ばれる年に一度の催事が、戦後から現在まで71回開催されてきた。この「全国銘菓展」から派生する形で、2013（平成25）年に若手経営者、後継者が集まる催事が始まったのである。この催事は「若旦那」による「本和菓衆」と銘打たれている。「本和菓衆」の端緒となった出来事は、毎年4月に百貨店の催事で顔を合わせるようになった同世代の若手後継者が飲食会を通じて親しくなり、これらのメンバーで何か新しいことをやってみたいという想いであったという[17]。

　また「本和菓衆」では、2016（平成28）年には、ベストセラー（50万部以上）になった小説『和菓子のアン』(2010)[18]の続編『アンと青春』(2016)の発刊にあわせ、小説に登場する和菓子を彼らがつくるなどコラボレーションしたイベントが話題となった。『和菓子のアン』の著者坂木司氏が、「本和菓衆」の活動を知って、小説に関連したオリジナルの和菓子を彼らに依頼したことに発するという[19]。小説に登場する「和菓子屋」をモチーフとした売り場がつくられ、ここに各事業所が準備した和菓子を陳列した。

写真4-29 「みずのいろ」
（つちや提供）

　たとえば、「みずのいろ」という菓子は、岐阜県の和菓子屋「つちや」の熟練した職人によってつくられている。社長がイメージする菓子を完成させるために、これまでにない菓子づくりの技術などを職人と確認しあった。その結果、薄くスライスするのではなく、表面張力をいかした美しい形状を楽しめる菓子として創り上げたのである。色についても、合成着色料ではなくハーブの色素から抽出している。また商品価格は1,000円（消費税別）となっているが、「つちや」の社員の多くは、その価格に驚き、売れるわけがないと心配したそうである。しかし社長は、この技の工程を知っているために思い切った料金設定にしている。菓子として見れば高価となるが、アート作品、オブジェとして捉えると相応の価格になっていると捉えることもできる[20]。結果的にたいへんな反響となり、人気商品となっている。

　イベント会場には、この小説のファンも多く来場し、にぎわいを見せた。このように出版業界とのコラボレーションによっても、従来の和菓子の購買層とは異なる顧客を惹きつけている。このプロジェクトも老舗の和菓子事業所の若手経営者、後継者がチームの紐帯を活かし、消費者に対し、新しい形の商品を提案している。それぞれの和菓子事業所は、こうしたイベントに参加することは、経営上の負荷も大きいが、顧客の反応や他のメンバーと協力して取り組むことが魅力の一つになっているという[21]。

　参加しているある経営者は、こうした催事を通じて東京の顧客と出会うこと

や新しい情報を得られることが大きな刺激になっている、と述べている。また地元の顧客は東京に何らかの憧れや価値を感じており、東京でこのようなイベントに参加している店であることを知ってもらうことも重要であるという[22]。山形から出店している経営者も、「これまで地元のお客様はお土産として購入してくださっても新幹線が東京に近づくと店の紙袋を隠すように鞄にしまっておられた。ところが、東京でのプロジェクトに参加していることや、新しい商品が日経新聞でも紹介され、売り切れるほど人気になっているとの情報が伝わることで、店の紙袋を隠さず、堂々とお土産としてプレゼントしてくれるようになった。地域の誇りとして感じてもらっているようだ。」とのことである[23]。

　現在、この催事は、固定客、熱心なファンが増え、ネットワークのような広がりを見せているという。顧客に対して、和菓子に詳しい経営者（若旦那）が和菓子づくりの裏話や魅力を伝えるので、当然伝わり方、反応も違ってくる。百貨店としても、本来、店と顧客が直接対話し、その商品の良さ、たとえば材料や楽しみ方といったものを提案しながら買い物を楽しんでいただきたい、と考えている。しかし現状の百貨店内のテナント店では、店員がこのような接客を同じように務めるには限界がある。そのため、この催事のように和菓子屋の若旦那が直接顧客とふれあい、その魅力を伝える様子は、百貨店内の他のテナントにも刺激となるもので、接客のモデルケースとしても価値があると言われている[24]。

　しかし、参加店は、地元で販売する価格帯と東京で販売する商品の価格のギャップが課題であると考えている。同一の商品については、地元でも、東京の百貨店でも同じ価格であるべきだと考えられるものの、実際には東京においては、高価格帯で販売できた商品を地元でも同じ価格帯で販売すること（顧客に受け入れられること）は困難であり、値付けが難しいとのことである。さらに和菓子の材料は、小豆や栗など、その年その年の作況に左右される。しかし、このような材料の高騰に連動して、販売する和菓子の価格を値上げするは難しいとする経営者も多い。そのため材料の価格、そして地元と東京での地域間格差による和菓子の価格づけが課題になっているといえる。

老舗によるプロジェクト「真菓會」

　2017（平成29）年5月に開催された「第27回全国菓子大博覧会・三重」のイートインコーナー「おかげ茶屋」で注目を集め、大人気メニューとなったのが、老舗和菓子事業所6社の銘菓を組み合わせてつくられたオリジナル和パフェ「しんかパフェ」である。それぞれの銘菓の個性が発揮されたうえで、和洋いずれの魅力も味わってもらえる組み合わせになっている。

　6社は、赤福（伊勢市）・神戸風月堂（神戸市）・俵屋吉富（京都市）・つちや（大垣市）・花園万頭（東京都）、両口屋是清（名古屋市）であり、いずれも老舗として、それぞれに強いブランド力、銘菓を有している。

　基本的には、老舗和菓子事業所は、菓子の材料や、商品の一部を他の企業に提供することはない。しかし、「真菓會」は親世代からの仲間としての付き合いがあり、それが代替わりしたことによって、新しい活動が始まることになったという。

　このプロジェクトのきっかけは、第25回全国菓子大博覧会・兵庫（姫路菓子博2008）」の実行委員長が、神戸風月堂の代表であったことから、真菓會のメンバーが「真菓會」のブースを出すなどして協力したことによって活動が行われることになった。姫路菓子博では、従来どおり、各店舗からの商品を陳列するだけであったが、2017（平成29）年に三重県津市で開催された菓子博では、コラボレーションの商品が考案された。こうした暖簾を超えて菓子をつくる活動スタイル、つまりプロジェクトの形態は、今後、新しい商品や需要を産み出す可能性が感じられる。

7. プロジェクトのシテによる新しい成長モデル

　前述のような百貨店ではじまった和菓子のイベントは、コンヴァンシオン理論のシテ概念によると「プロジェクトのシテ」と呼ばれる「上位原理」によって成立していると考えられる。こうした活動は、現代社会における和菓子業界における新しい成長の糧として、また和菓子の新しい価値づけ様式の登場として捉えることもできる。また、このような和菓子業界におけるプロジェクトのシテは、多様な価値の間でのコンフリクトと新結合を引き起こし、商品の多元化をもたらしている。このような和菓子業界の動向は、スタークの述べる「不協和」に由来するイノベーション、資本主義の第三の精神の台頭に直面しているといえよう。

　プロジェクトのシテの特徴は、プロジェクトに参加する「人々の幸福は潜在的能力の開花にあり、プロジェクト継起を通じて自己の深淵なるアイデンティティーをすこしずつ明らかにすることができる。またプロジェクトが課すテストの継起は、プロジェクトに応じてアイデンティティーを変容させると同時に、永続的個性の維持を必要とするのであり、こうした個性が維持されない限り、ネットワーク移動中の既得物を資本化し得ないのである」(須田・海老塚2013:40)。さらにボルタンスキーとシャペロによると、この第三の精神による活動形態となるプロジェクトのシテは、創造性とイノベーションを重視するという点でインスピレーションのシテと共通しているが、これらの類似は表面的なものと述べている。つまりプロジェクトでは、創造性は紐帯の数と質に関連づけられるとしている。そしてその創造性は、無からの創出というよりもむしろ「組み換え」(Stark:2011) に依存するとされるのである。

　和菓子においても同様のことが示唆される。つまりプロジェクトに熱狂する側面と同時に、「アイデンティティー」としての自らの暖簾、家業として連綿と受け継がれてきた独自性や地域との繋がりを完全に放棄してはプロジェクトは成立しえないし、プロジェクトの継起を通じて、自らの暖簾の「特異性」を失ってしまっては、こうしたプロジェクトのシテから得られる利益を自らに蓄積することができないのである。

　いみじくも京菓子の老舗末富の3代目主人の山口富藏氏は、1993 (平成5)

年にすでに次のように述べている。

「京菓子と名乗るお菓子屋さんは全国にありますが、京菓子の外見だけを真似たものを各地でつくってみても、意味のないことだと思います。それよりも、京菓子の心で作る、つまり、その土地の風土をお菓子のなかでどう表現すればいいのかを研究することが必要なのではないでしょうか。そうするうちに、土地の人の感情や、情感を無視したような菓子は少なくなると思います。一番厳しいのはお客様ですし、自分の知らないことを教えていただくという気持ちで菓子に取り組まなければ伝統産業になってしまうでしょう」（山口1993：70）。

　こういった点については、他の同業者からの声にも見られる。たとえば、「和菓子は茶にあうものが本質であるのに、和菓子そのものが主役です、という催事には違和感がある」（和菓子店主）[*25]といった家内的シテに属する意見や「大所帯のアイドルグループ的活動である」といった指摘（弱い個性をカバーしあう関係）、あるいは「地域の銘菓を育てた地元の顧客との繋がりはどうなるのか。地方の和菓子屋がプロジェクト名で活動し、都心でしか買えない一時的な和菓子をつくることに意味があるのだろうか」（和菓子店主）[*26]といったシニカルな見方がある。

　またメンバー自らも「このような催事を通じて、チャレンジができるし、後世に恥じない和菓子のレシピを残したい、しかしいつまでも頼っているつもりではない」といった意見も聞かれるのである。

　このように、業界内において地元を離れてプロジェクトを行うことへの不協和が生じているといえる。しかし顧客の反応に見られるように、プロジェクトの看板の元で次々と提案される新しい和菓子や経営者自らが顧客とふれあうといった活動形態が、これまで和菓子に馴染みのなかった顧客の興味関心を引き出し消費行動に結び付けられ、一定の効果を得ている様子が確認できるのである。付言しておけば、京都に本店を置く、ある菓子屋は百貨店に出店し、全国各地の銘菓をそろえる百貨店にも商品を卸している。さらにインターネットの通販も行われている。しかし、同じ商品でも、本店、直営店で販売される商品にのみ「丹波産大納言小豆」を使用するなど、直接店に足を運ぶ顧客に対し

て感謝やおもてなしの意味を込めて、商品の差別化を図っている。このような地元の顧客とのつながりを大切にするというはからいもみられるのである。

8. 不協和と多様な価値づけ

　前述のプロジェクトは、スタークの理論「多様性のイノベーション」によって以下のように考えることができる。スターク（Stark:2009）が述べるように、多様性が重要なのは、それにより既知の解決策を手元に用意できるからではなく、より多様な組織的「遺伝子プール」を持つことで適応能力が向上し、予測できない変化の際は実りの多い組み換えを案出することができる。こうして価値と価値づけにおける摩擦と不協和が次第に経営形態と和菓子そのものに多様性を生み出し、社会的レベルでの適用能力を構築し、老舗の伝統を守りつつも、イノベーションをもたらし、和菓子の多様性をつくり出しているのである。

　これまで見てきたように、和菓子の伝統を受け継ぐ食品産業がどのように現代社会に生き残っているのか、という点を本書では、和菓子業界における二つのシテへの移行として捉えている。これが現在の和菓子業界に見られる、インスピレーションのシテ、プロジェクトのシテによって説明できる萌芽的変化である。その多くが製造小売りの形態をとる和菓子事業所においては、かつては需要側では神社仏閣や茶道関係者が、供給側では老舗の和菓子職人が、和菓子とりわけ京菓子の真正性の価値づけの主要なアクターであった。ところが、今日では現代アートやプロジェクトを通じて和菓子を価値づけるアクターとして、職人側、消費者側ともに登場しているのである。その活動の基盤となる要素が、インターネット上でのソーシャルメディア（Facebook や Instagram など）の活用などにある。たとえば、参加型オンライン格付けとなる口コミによるランキングサイトや Facebook での「いいね！」というアクション、インスタグラムで和菓子の写真を掲載されることなどが評価や判断のための新しいデータベースを構築し、暖簾の価値から離れた職人個人がいわば作家として活動することを可能としている。

　このような新しい変化が起こった背景には、近代まで代々継承されてきた事

業所と顧客先（神社仏閣、茶道関係者）からの需要が減退し、また昭和後期では、節句、冠婚葬祭、中元歳暮の贈答、土産品と関連した和菓子の需要が減少したことが挙げられる。

　こうした事例からも各地の老舗事業所においても代々続く、慣例となった取引のみで事業を継承することが難しくなってきたという切実な事情が垣間見られる。同時的に慣習としてつくられていたもの、顧客筋による和菓子の規範、型の制限もなくなり、自由な菓子づくりが可能になったと捉えることができるだろう。したがって若い職人は、修業によって伝統的な和菓子の製造方法を習得しながらも現代社会に通じる和菓子の可能性を見出してきたのではないか。あるいは、郷土の銘菓でも近代化し行き過ぎた大量生産による和菓子に対する内生的な反省による伝統的な製造方法、地域に根ざした材料への回帰が試みられていると考えられるのである。

　こうして、次第に家内的シテに位置する京菓子を含めて、創造産業への移行が見られるのである。たとえば、伝統的な顧客が衰退したことによって、インターネットを通じた新しい顧客、一般の消費者からの価値づけ活動、さらに、伝統的な和菓子、茶道の規律にのっとった意匠ではなく、可愛らしい、もしくは見た目に綺麗な和菓子のアート化、デザインの登場である。

　しかし、こうしたインスピレーションのシテによって評価される和菓子も伝統的な職人技によってつくられており、また「お誂え」や受注生産といった形式は取り入れている。これらの和菓子がアートのような表現をもたらしていたとしても、伝統的な和菓子の製造ノウハウ、熟練した「職人技」によってつくられたものとなっている。つまり、和菓子を和菓子と呼ぶことができる基準、そのコアとなる価値は、職人技にあるといえる。

　和菓子の工業製品化が進むなか、近年、和菓子が「インスタ映え」するかどうかが重要な評価基準となりつつも、アートのような和菓子が出現していることは、和菓子の職人技の優れた点を示す一助となっており、こうした技術がこれからも廃れることなく受け継がれるものと推察されるのである。

注：

*1　またW社は、「私たち日本人は自分自身や物事を考える時、人との会話のなかで『そう、そう』と肯定しながら、また、相手の事を『そう、そう』と認めることによって、お互いを確認・発見・発展させ、そして社会を築いていくように思います。外国の方から『日本人同士の会話には、"ソウソウ"という音が多い』という事を聞いたことがあります。（中略）無意識に使っている『そう・そう』という言葉のように漠然と生きている私たち自身が日本を見つめ直すきっかけをつくっていくこと、またそれを意識していくことが、今大切ではないかと考えます」と述べている。こうしたW社の考えるものづくりの視点が亀屋良長の和菓子と親和性があったと推察される。参照HP　http://sousounetshop.jp/?mode=f95　2017年9月16日最終確認。

*2　パティシエとコラボレーションした菓子は、代々亀屋良長に伝わる「うば玉」を変化させたものである。「うば玉」は、波照間島産の黒糖を用いてつくられた小さなこし餡の餡玉を寒天でコーティングしたものである。新しいブランドでは、こし餡の代わりに国産栗、そして生クリームとラム酒のペーストを餡にしたものとなった。百貨店の開店など様々なタイミングにも恵まれ、このブランドは人気となり、経営的に成功することとなった。

*3　ヒアリング調査：亀屋良長主人　2017年8月15日　場所：亀屋良長。

*4　ヒアリング調査：亀屋良長主人　2016年3月12日　場所：亀屋良長。

*5　ヒアリング調査：菓子屋の主人より。

*6　ヒアリング調査：京都の菓子屋主人より。ある京都の老舗の菓子屋の主人は、「京菓子のカラーではないし、商売ベースにはならない活動として捉えていた」という。その一方で、彼女たちの活動によって、「キレカワ」（「綺麗」と「可愛い」を掛け合わせた現代の造語）が喜ばれる客層があることも気づかされたという。他には、「彼女たちは京都の出身ではないし、京菓子の世界に一石を投じる意味でも頑張ってほしいと思っていた」（京菓子協同組合の菓子屋主人）という話や「知ってはいるが…、（と言葉を濁しつつ）若い女性2人組で行っている、という点が先行し、もてはやされているという印象だった」（京菓子協同組合の菓子屋主人）という意見も聞かれた。また茶人関係者では、若い弟子が、これらを「面白い」といって報告してきたことによって、このような菓子が受け入れられる時代なのだ、と感心したと述べている。なお当事者としては、好きなことを遊びながらしているという意識であったとのことである。後日の話では、修業時代の京都の菓子屋の主人に応援されてきた、という認識をお持ちであった。2017年8月15日〜16日、2017年9月26日。

*7　The Wonder 500™は、クールジャパン政策のもと"世界にまだ知られていない、日本が誇るべきすぐれた地方産品"を発掘し海外に広く伝えていくプロジェクトで、審査と一般公募によって、全国47都道府県より合計500商材が選ばれている。https://thewonder500.com/about/　2016年11月16日最終確認。

*8　ヒアリング調査：wagashi asobi 稲葉基大氏　2016年3月19日　場所：wagashi asobi。

*9　ヒアリング調査：三堀純一氏　2017年7月26日　場所：有限会社いづみや。

*10　ヒアリング調査：三堀純一氏　2017年10月8日　場所：台東区生涯学習センター。

*11　従来では、和菓子は、工場内や工房でつくられ、その工程は人目に触れることがなかった。しかし、日本には、板前と呼ばれるように客の目の前で料理を行う料理店があり、また近年では、百貨店の「デパ地下」やレストランにおいてオープンキッチンと呼ばれる調理場を魅せるスタイルが人気となっていた。これは、料理や菓子を仕上げる工程を直接顧客に見せることによって商品を訴求する方法として定着しつつある。

*12　日本の伝統的なモチーフである花鳥風月を雲平や餡平、有平糖などによって立体的に表現する技術である。これは和菓子職人によって自然や動物を観察し、表現する鍛錬としても取り入れられてきた。近年は、この製作において、食べることができない材料が用いられていることが問題視されているが、一般的には、装飾用とされている。

*13　プロジェクトのシテが適合するネットワークの世界の特性。プロジェクトのシテで偉大であると評価さ

れる指標は「活動」である。この活動とは、プロジェクトを生み出し、ネットワークを拡大することである。またここで偉大であると評価される人物は、信頼され、メンバーを尊重し、それぞれのチームメンバーの資質を活用することに長けているものである。またこのプロジェクトにおける人間関係は、コミュニケーションによる。Boltanski, L., Ève Chiapello, (1999) "Le nouvel esprit du capitalisme"（三浦直希ほか訳（2013）『資本主義の新たな精神』ナカニシヤ出版）参照。

* 14　催事の継続が見られるのが三越で行われる全国銘菓名産協会を母体とした「本和菓衆」、そして髙島屋で行われる銘菓百選から発した「WAGASHI　和菓子老舗　若き匠たちの挑戦」、通称「ワカタク」である。他に京都で2015（平成27）年、2016年に「山滴る、甘党市」が開催された。こちらはインスピレーションの特徴に表されるような活動を中心に老舗店も参加し、「自然と季節を愛でる日本のココロをカタチにした和菓子（中略）「オイシイ」「カワイイ」「タノシイ」「ステキ」を集めたマーケットを開催します。」と、紹介している。

　　　http://amatouichi2015.tumblr.com/　2016年7月7日最終確認。

* 15　髙島屋の催事「銘菓百選」から発した「Wagashi　若き匠たちの挑戦」。

* 16　ヒアリング調査：髙島屋バイヤー：畑主税氏　2016年3月5日11:00～16:00　場所：横浜髙島屋

* 17　ヒアリング調査：田中屋せんべい総本家6代目の田中裕介氏　2016年3月5日。氏は「全国銘菓展」の会場に18歳から24年間立ち続けた。当時は後継者（現社長）であった田中氏は、催事の後で、同年代の後継者と酒を酌み交わすようになった。次第にそれぞれのメンバーが背負ってきた暖簾の重圧や親との葛藤を話し始め、ここで強い絆、仲間意識、信頼関係が生まれてきたという。また親世代の和菓子業界は、機械化、添加物等々による行き過ぎた加工がなされ、それによって現在の和菓子の質の低下が進んでしまったのではないかという懸念もそれぞれが抱いており、新しい和菓子をつくりたい、和菓子の原点を見直したい、また将来の職人に恥ずかしくないレシピの和菓子をつくりたいという思いにつながったという。

* 18　坂木司（2010）『和菓子のアン』光文社、坂木司（2016）『アンと青春』光文社。

* 19　「今月の焦点(14)デパ地下和菓子店舞台のベストセラー」『製菓製パン』製菓実験社2016年6月号、「坂木司著『和菓子のアン』の魅力を読み解く」より。

* 20　和菓子のアート化は職人自らが創作活動することもあるが、現代アートと同様にアイディアと製作者が異なることも許容されている。

* 21　ヒアリング調査：出展の老舗和菓子事業所主人　2016年4月10日　場所：日本橋三越本店。

* 22　ヒアリング調査：出展の老舗和菓子事業所主人　つちや代表槌谷祐哉氏　2016年10月18日　場所：日本橋三越本店。

* 23　ヒアリング調査：乃し梅本舗　佐藤屋佐藤慎太郎氏　2017年11月13日　場所：銀座三越。

* 24　ヒアリング調査：出展の老舗和菓子事業所主人　つちや代表槌谷祐哉氏　2016年10月18日　場所：日本橋三越本店。

* 25　ヒアリング調査：老舗和菓子事業所主人　2016年4月10日　場所：日本橋三越本店。

* 26　ヒアリング調査：老舗和菓子事業所主人　2016年3月19日　和菓子店にて。

第 5 章

和 菓 子 文 化 の 海 外 発 信

フランスを事例に

現在、日本では、農産品や加工食品を中心に積極的な輸出振興をはじめとする経済戦略がとられている。2014（平成26）年から2015（平成27）年の農林水産物・食品の輸出実績が、6,117億円から、7,451億円へと、21.8％の増額であったことからも、2020（令和2）年に輸出額1兆円にするとの目標が1年前倒しされることとなり、2011（平成23）年の福島県の原子力発電所事故の影響への対応を含めて、農林水産業の輸出力強化戦略が立てられている 。すでに日本食は、国際的な知名度と人気が高まり、「日本食レストラン」が世界各国で増加していることが報告されている。また日本の食品はフランスで特に人気となっており、「神戸牛 Boeuf de Kobé」や「柚 Yuzu」「柿 Kaki（フランス語ではPersimmon）」「ワサビ Wasabi」「弁当 Bento」「餅 Mochi」などが、フランス語として定着しつつある。

　しかし、「和菓子 Wagashi」については、いまだ知名度が低く、積極的な輸出促進政策が取られるほどには至っていない。基本的に和菓子と呼ばれる菓子は、小豆と砂糖を組み合わせた「餡」が主体となったものであり、アジア諸国以外の国々では、豆を砂糖で煮る食文化は見られない（松本：2015）が、第3章で詳しく見てきたように、日本人にとっては、歴史的には、餅とともに朝廷の行事に用いられ、庶民の間には、行事食、冠婚葬祭など「ハレの日」に欠かせないものとして広まっていた。しかし高度経済成長期を経て他の産品と同様に工業化が進展し、日常的に手軽に購入することができるようになったため、次第に「ハレの日」の特別な食べ物としての存在よりも、むしろ生活に密着した嗜好品としての側面が強くなった。

　これらの特徴を有する和菓子はその味覚や食感が西洋人には受け入れらないとして積極的な紹介も行われてこなかったのである。今後、日本は少子化、人口減少が進むと言われており、和菓子業界にとっても海外は新しい市場として魅力的だという見方も多い。

　こうした時代背景から、本章では、和菓子のグローバル化について検討を行う。和菓子業界の本格的な海外進出については、第3章で紹介した虎屋が1980（昭和55）年にフランスのパリに出店し、当時、これに後続する企業は現れなかった。その理由としては企業の資産や資金力といった側面だけでなく、前述のように和菓子は、根幹となる材料「餡」が豆と砂糖の組み合わせによっ

てつくられており、これが西洋の食文化に馴染まないものである、という見方や、和菓子の食感の一つである「大福」や「ぎゅうひ餅」に特徴的な弾力や「もちもち」とした食感、歯ごたえが西洋人には受け入れられないという説が与えた影響も大きいと考えられる[*1]。もちろん食品の輸出入に規制があることも関係している。

　パリはラデュレやアンジェリーナといった老舗の高級パティスリーやショコラトリーが軒を争う菓子の都である。

　「とらや パリ店」はこの都市で、和菓子事業所がまだ海外進出を行っていない頃から、高級サロン・ド・テ、パティスリーとして常連の顧客を生み出し、2016（平成28）年ですでに出店36周年を迎えている。出店から現地に根ざすまで、どのような経営や活動が行われていたのだろうか。

　また和菓子のグローバル化に関する新しい動きとして、2015（平成27）年に中小企業庁JAPANブランド育成支援事業にこれまで国内のみで開催されていた「羊羹コレクション」が採択された。これによって、フランスのパリで初めて日本の「羊羹」を紹介する展示会が行われることになった。この展示会への出店企業からの聞き取り調査によって和菓子の価値というものが海外では、どのように捉えられ、またどのような点が日本人の捉え方と異なっているのかといった点についても検討を行う。

1. とらや パリ店

　「とらや パリ店」は、パリの中心部となるコンコルド駅近く、ファーブルサントノーレ通りを入ったサン＝フロランタン通りに1980（昭和55）年に出店している。サントノーレ通りは、ヴィトンやシャネルといった高級ブランドや老舗ホテルが立ち並ぶ、高級感のある通りで観光客も多く訪れる。

　株式会社虎屋16代社長が和菓子文化を広げることに熱心で、「海外に日本文化の象徴である菓子を紹介したい」（黒川：2005）という思いが強く、売上金額の拡大のためではなく、むしろ日本の文化を伝える側面が出店の理由となっている[*2]。その動機となった出来事は、1979（昭和54）年にパリ国際菓子見本

市に東京和生菓子工業協同組合からの海外デモンストレーションが大成功を収めたことによってであった[*3]。パリ国際菓子見本市から、1年後の10月6日に開店している。和菓子をある程度理解して食べてもらえるのは、フランス人がまず最初であろうと考えて、パリに出店したとのことである。もとより日本人や日本人観光客はターゲットにしておらず、観光客であふれてはいない、品のある地域に店を構えている。

　その当時、フランスではすでに日本の文化が話題になりはじめていた。たとえば国営テレビANTENNE 2のこども向け番組において『Goldorak』などが放送され高い視聴率であったと伝えられている[*4]。

　日本での虎屋の位置づけは、当時パリで人気になりつつあった前述のような大衆的な日本文化とは異なっている。虎屋は16世紀から禁裏御用の菓子屋であった由緒のある老舗企業で、高級な羊羹が看板商品である。現在は全国の百貨店に出店し、その歴史や商品の品質の高さから虎屋の羊羹は格式ある贈答品として社会的な評価と認識が構築されている。パリ現地でも社会的階級の高い層、上流の顧客層に愛好者を得ていこうとしたことが推察される。

　たとえば、現在パリ店での「生菓子」は1個5.5ユーロが中心であり、近隣の高級菓子店であるLADUREEやFAUCHONのケーキ類と同じような価格帯となっている[*5]。1999（平成11）年には、フランスの代表的経済誌の『ル・フィガロ』が選ぶ「パリのサロン・ド・テ」（喫茶）ベスト30」のなかで、フォションと並び第2位にランクされている（黒川：2005）。

　これは「暖簾」以外、店内はすべて当時の現代フランス風にした効果かもし

写真5-1　とらやパリ店　外観

れない(写真5-1)。パリには多くの日本料理店があり、その店内は日本風になっているが、フランス人に日本の建築物をつくってほしいというのは無理なことで、まがいものの感をぬぐえない、との判断からであったという(黒川:1984)。経営者の感性と決断力の優れていることが良く示されている例である。

　また、パリ店は、日本文化の象徴である和菓子を紹介したいという理念があり、そのイベントは、フランスのバカラやクリヨンといったフランスが世界に誇る老舗ホテルや高級品を扱う企業が開催するイベント(カクテルパーティ)などで利用されている[*6]。

　また日本の文化の象徴として和菓子を紹介したいとの16代社長の想いのとおり、虎屋はパリで行われる日仏間交流への協力をはじめ、様々な文化事業を開催している。これまでの実績としては、サロンでの講演会や茶会、映画上映会、雅楽や琴の演奏、伝統工芸品の紹介、本(絵本)の制作等々である。これらの事業は、フランスが世界に誇る老舗ホテルや高級品の市場と親和性を感じさせるもので、日本の和菓子屋の暖簾の価値は、パリでも特異な価値を醸し出していたと推察できる。

　しかしながら、12年間パリ店のシェフパティシエ(製造責任者)を務めた担当者吉田太氏への取材からは、パリ店が完全な収益事業ではないにしても、パリ店の従業員の間には、売り上げは人気の指標にもなることで、まったく利益が出ない状況というのは避けたい、なおかつ先代および現社長の思いを実現させたいという雰囲気があり、販売する商品、喫茶部門のメニューは試行錯誤が続いていたという。

　こうした時期を経て、現地の食文化を取り入れてできた人気の菓子の一例が、「ガレット・デ・ロワ」である。ガレット・デ・ロワはフランス人にとって新年に食べる行事のケーキで、元の意を「そら豆」とする陶器製のマスコット「フェーヴ」がケーキのなかに入っているものである。新年を祝う席でこのケーキを切り分け、このフェーヴが当たった人はその一年幸せになるといわれている。またこのガレット・デ・ロワに入っているフェーヴをコレクションする人がいるほどフランスの人々に愛されている伝統的な行事の菓子であり、新年のパーティーでこのケーキを食べることは、フランス人の風習となっている。このようなフランスの伝統的な菓子のなかに、パリ店は和菓子を模した陶器製のフェーヴをいれた

ところ人気となり、毎年それを目的に買い求める人も現れるようになった。

　そのほか現地の食材を利用した和菓子の開発などによって、次第に現地に馴染む側面が生まれたという。パリ店オリジナル商品としてはフルーツ羊羹類（イチジク・アプリコット・焼きりんご・ポワールキャラメル）、アールグレイ饅頭、マロン饅頭、餡ブッション、羊羹 au ショコラ、あずきとマロンの抹茶ケーキ、あずきと杏子のケーキ、ガレット・デ・ロワ、どら焼き、抹茶アイス、和風ランチメニュー（山菜おこわ、サラダ、サンドイッチ、月替わりのオリジナルメニューなど）がある[7]。

　このような取り組みが行われたことについて、吉田氏は、「和菓子の文化的な側面を損なわず現地の方々に理解してもらいやすい菓子の在り方を考えて日々まちを散策したことでもっとも良い発想が生まれる」と述べている[8]。

　日本の虎屋と同じ商品もパリ店で販売されており、羊羹、最中、干菓子、生菓子、安倍川・磯辺餅、葛切り、あんみつ、かき氷、お汁粉、お茶類、軽食（赤飯）などとなっている（写真5-2）。

　パリ店の菓子に使われている餡は、日本からの輸入である。その理由として、材料や水など環境の違いから現地ではつくれない要素が多分にあったこと、何より和菓子の餡はその企業の味の中心的な存在であるため、虎屋の「味」を伝えるために餡は輸入となっている。

　パリでの和菓子づくりが難しい一番大きな要素は水であろう。日本の水は軟水であるのに対して、フランスの水は硬水である。そのため、餡を煮る段階で品質に決定的な影響を及ぼす。また仕上がりについても、日本は湿度が高いが、フランスは湿度が低く、出来上がった和菓子がすぐに乾燥してしまうといったことが起こる。そのためパリ店では、出店後、和菓子を純粋な和菓子のまま提供することが難しかった。喫茶（サロン・ド・テ）についても純和

写真5-2　パリ店のサロン・ド・テのメニュー

風な献立（メニュー）はパリではまだ受け入れられるものではなかった。もちろん日本の文化をよく理解し、抹茶を好み、それを目当てに通う常連客の存在もあったという[*9]。

しかし、現在のシェフパティシエ（製造責任者）中野達也氏[*10]へのインタビューからは、次第にパリの人々が和菓子そのものを受け入れ始めている、という様子がうかがえた。

2015（平成27）年に河瀬直美映画監督の映画「あん」が大ヒットしたため、「どら焼き」（パリ店の商品名は「夜半の月」）の人気が急激に高まった。これまでは、「どら焼き」は週に2〜3回の製造周期であったが、当時は、毎日製造しても追いつかないほどであったという。現在はこうした流行も落ち着き、映画をきっかけとして「どら焼き」を知った顧客が、その後常連客に移行しているという。

パリ店は、2015（平成27）年に店舗のリニューアルを行っている。これまでの顧客と彼らの子供世帯の顧客へと世代交代することを視野に入れた設えとなっている。そのため、喫茶（サロン・ド・テ）の店内の座席の配置に配慮がなされている。奥のテーブルは、高齢世帯の長年来の顧客のために暗めの照明で照らされた落ち着いたソファ席、入口に近い道路に面した明るく、カジュアルなテーブルとイス席は、若い世代に好まれる仕様となっている（写真5-3の中野氏の奥がソファ席、写真5-4が道路に面したカ

写真5-3（上）パリ店シェフパティシエ中野氏（右）と支配人の佐々木氏（左）
写真5-4（下）パリ店 サロン・ド・テ。子供世帯向けの路面側のカジュアルなスペース

写真 5-5　パリ店の季節の生菓子

ジュアルな椅子席)。テーブルはいずれも羊羹の色と寒天のつややかな雰囲気を表現し、羊羹を模したデザインとなっており、これもパリ店の特徴である。

　またこれまで、フランス菓子よりの提案であった和菓子が、より和菓子らしいもの、職人技が生かされた造形美のある生菓子への興味関心が高くなっているという (写真5-5)。視覚に訴える、美しいもの、色が付いたものが断然人気がある。中野氏は審美的要素が和菓子の評価においてきわめて重要であることを指摘している。夏は「ひまわり」、秋は「紅葉」や「栗」、春は「桜」など、自然をモチーフとしながらもフランス人にも分かりやすいテーマのカラフルな生菓子が人気となっているためである。またパリ店においても、日本の和菓子文化と同様に、約2週間ごとに生菓子を替えるという「二十四節気[*11]」の暦、季節感に添った商品展開を行っている。しかしながら紅白饅頭や羊羹のような、色目や形がシンプルであるものへの反応は薄く、華やかで色が付けられたものに人気が集中しているという。

　さらにこれまでは、西洋人には好ましくないと思われていた餅の食感が現在は大人気になっているという[*12]。しかし、日本の伝統的な和菓子の意匠は、シ

ンプルで抽象的なもの（侘・寂）を表している、もしくは、琳派の表現である物事を大胆に簡素化したもの）が多く、また虎屋の看板商品である「羊羹」も、非常にシンプルな意匠であるため、フランス人に対しては和菓子の魅力として伝わらない状況にある。この点にも、和菓子の評価における審美的観点の日仏の相違を指摘することができる。

　そのため中野氏は、前任者と同様に、まずは和菓子への興味関心への間口を広げるため、現地の人々の反応のよい和菓子の意匠を多く取り入れるようにし、またフランスの食生活に馴染み深い材料によってつくるなどの工夫を行っている。たとえば、アプリコット、リンゴ、栗などのフランス人に馴染みのある果物で、これらをマルシェで仕入れて和菓子の材料として加工している。また最近では、フランスでも手に入りやすい日本食材、「抹茶」「柚子」「ごま」「黄粉」などを使用した味付きの和菓子を提供し、喜ばれているという。

　またパリには、美意識や健康意識が高い女性、顧客が多く、有機の農産物や、牛乳ではなく豆乳へのニーズや関心が高いため、こうした顧客のニーズにあわせた材料を用いた和菓子も提供している。

　喫茶（サロン・ド・テ）に訪れる顧客だけでなく、週末となる金曜日、土曜日はホームパーティの菓子として、10〜20個といったまとまった数の注文が増え、近年のフランスでの和菓子の人気の広まりを感じているという[*13]。他にも博物館や美術館などからは、日本に関連する展示会でのレセプションパーティのお土産として生菓子の注文が増えているそうである[*14]。こうした機会においては、和菓子の意匠は主催者側とよく相談して決定する受注生産となる。菓子それぞれの色や形はもちろん、箱を開けたときに美しく見える配色を提案している。ここでは、茶会の菓子づくりの基本となる「お誂え」の文化をパリで行っていることになる。中野氏によれば、顧客には、和菓子に対してまずは視覚から入り、生菓子に親しんでいただき、いずれ「羊羹」に馴染んでもらうのが究極の目的である、という。

　次にパリ店のサービス部門の取り組みと基本姿勢は、顧客とのコミュニケーションの重視である。店頭に並べられている美しい生菓子は、日本の江戸時代から受け継がれた技術によってつくられていることを一人ひとりの顧客に伝えている。とりわけ、これらの菓子が現在も機械ではなく、すべてこの店舗のなか

写真5-6（左上）パリ店で提供される季節の生菓子。サロン・ド・テでは、一つひとつの菓子が職人によって手でつくられていることをサービススタッフが伝え、選んでいただく

写真5-7（右上）パリ店サロン・ド・テで提供される季節の生菓子と抹茶

写真5-8（下）パリ店の児童用の和菓子本。和菓子の材料や行事が紹介されている

で職人が手でつくっていることをサービス担当者から説明を行い、手仕事であることの価値を伝えている（写真5-6、写真5-7）。

　また和菓子をつくる道具として、木製の型（菓子の木型）や竹のヘラ、材料となる小豆、白小豆を実際に見て、触れていただくことによってさらに和菓子の価値が理解されているようだとのことである。子供連れの顧客には絵本で和菓子を紹介している（写真5-8）。

　また一人で来店した顧客が友人や職場の同僚などに和菓子を紹介する可能性が非常に高く、店の回転率よりも、一人ひとりの顧客を大切にし、彼らとのコミュニケーションを深めることをもっとも重視している。また接客対応者が、顧客とのコミュニケーションを行うなかで得られたヒントも多いという。こうした対話による顧客のニーズが製造側にフィードバックされている。

このようなコミュニケーションのキーワードが「伝統」「京都」であるという。フランス人は、国民性として伝統的なものに対する理解が深く、「伝統」「京都」は、日本人から何らかの共感を得るキーワードになっているとのことである。前述したように虎屋の創業は古く、1500年代の後半ごろから「京都御所」に出入りする御用商人としての格式と歴史を有している。こうした点も和菓子の「価値」として認識されるという。

　このように製造部門とサービス部門がそれぞれ和菓子の価値を顧客に伝える取り組みと工夫を行うことで、着実に「羊羹」に繋がる顧客づくりが行われている。また店舗以外の場においても中野氏は、日本人学校で和菓子が「こどもの日」や「ひな祭り」といった子供の成長を祝う行事に食べるものであることを伝えている。日本人は、国内でも「ハレの日」にケーキを食べることが定着している。しかし中野氏は、和菓子と日本人の文化的な繋がりは深く、このような文化的な行事は海外で暮らす日本人にも家族や地域が伝えていくことが必要であると考えている。中野氏は自身の子弟の通学する日本人学校やサッカー教室で積極的にこうした食育活動に取り組んでいる。

　一方で、パリという土地柄、旅行者の来店も多い。最近は中国人の若い女性客が多く、これらの客は、ソーシャルメディア、特にインスタグラムにアップされた和菓子の写真を持っており、同じものを注文するという。

　以上のヒアリング調査より、虎屋のパリ店は、その出店の目的としては、和菓子を通じて日本の文化を伝えることにあり、店舗の営業については、まずはフランス人に和菓子に興味関心を持ってもらうため、現地の食文化や嗜好、とりわけ審美的評価に合わせて和菓子の品質を対応させているといえる*15。

　伝統的な和菓子だけでなく、間口を広げることで、日本の文化の良さ、価値を理解してもらうことを重視している。またパリ店における顧客とのコミュニケーションの重視は、日本の虎屋における接客方法と同様である。老舗の菓子屋である虎屋は、代々の顧客が存在しており、こうした顧客との関係を構築するすべ、つまり従来の顧客や親世代を大切にするといった「家内的シテ」に依拠する人間関係構築のノウハウを有しており、これがパリ店でも実践されているといえる。

　したがって、パリ店においては、日本の和菓子の文化的な側面、地域との繋

がりや行事との結びつきといったものは、まだ消費者に伝えている段階にあるといえる。消費者は、和菓子という菓子に対して、見た目、そして、健康的な側面といったものをコアとして選択している状況がうかがえる。材料を考慮するのは、京菓子で検討したような小豆の産地や品質の良しあしというよりは、植物性か動物性かといったベジタリアン思考に発するものである。

「とらや パリ店」の運営形態からは、伝統的な真正性に依拠しつつ、これまで国内ではみられなかった価値づけがなされていることが示されていた。つまり、ここでの和菓子の価値は、そのデザイン性にあり、またその材料が植物性であることから健康志向の消費者に支持されているものであった。また喫茶のしつらえも、国内での暖簾の重み、重厚さといったイメージから一転し、カジュアルで親しみやすい雰囲気がつくり出されている。ところが接客に関しては、「家内的シテ」にみられるような代々の顧客をつくり出すノウハウが活かされ、一人ひとりの顧客を重視し、和菓子の伝統的な価値を伝えることで、親世代から子世代へと続く顧客の世代的継承の手法が見られるのである。

「とらや パリ店」の事例から、ここでの和菓子はその真正性を家内的シテの価値に置きながら、顧客に対しては「市場的シテ」および「世論のシテ」の「上位原理」によって評価されるものを目指していることが明らかとなる。

2. 羊羹コレクション in Paris
——中小企業庁「JAPANブランド育成支援事業」

2015（平成27）年中小企業庁「JAPANブランド育成支援事業」に「羊羹コレクション」が採択されたことも和菓子業界の新しい転換点になったと思われる。「羊羹コレクション」は、2010（平成22）年より百貨店で行われていた催事の名称である。ここでは、各地の羊羹を代表銘菓に有する和菓子の老舗事業所約130社が一堂に会して羊羹を販売する機会として人気が高まっていた[16]。国内で行われてきた百貨店の催事である羊羹コレクションの実績がこうした行政の支援を得る要因になったと思われる。2010年から三越伊勢丹グループ百貨店で始まったこの催事は、すでに7回に及ぶ[17]。

羊羹コレクション in Paris は、2016（平成28）年3月17日〜20日の会期で、会場はパリ中心地よりほど近い北マレ地区3区に位置する3階構造のイベント会場 L'Espace Marais で行われた。この会場はデザイン性に優れた建物で、シンプルで開放感溢れる設計、簡易調理施設も完備しており、立食形式による羊羹の試食のほか職人による実演形式のデモンストレーションも行われた。

　プロジェクトの概要は、①国内の羊羹を「YOKAN」の名称で、海外へ展開し、羊羹および YOKAN ブランドの世界認知を高める。②文化性・芸術性に優れるフランスのパリギャラリーにて、2016（平成28）年3月に展示会・試食会パーティーを開催する。③従来の羊羹の概念にとらわれず、文化性・芸術性の高いアーティスティックなエキシビジョンとして、「YOKAN」のさらなる可能性を追及する企画となっている[18]。

　また展示内容はヨーロッパにおける生活の各シーンに合わせて、羊羹の魅力を紹介するものとなっている。たとえば、図書館や美術館で、庭で、スポーツに、旅のお供に、等々である[19]。また足を運んだ現地のコンサルタントの服部麻子氏は、羊羹がおしゃれな空間にセンスよく展示され、試食もあったことで、羊羹に馴染みがないフランス人にも楽しめる内容であったと述べている。

　この事業は、空港から出発する様子までテレビや新聞など各種メディアにも取り上げられ、また次のように紹介されている[20]。

「パリ羊羹コレクションが、羊羹で有名な虎屋（東京都港区）や米屋（千葉県成田市）など全国から11の和菓子店とパッケージデザインを手がける「アンゼン・パックス」（東京都港区）、和菓子の材料の寒天を取り扱う「伊那食品工業」（長野県伊那市）の主催で今月17〜20日、パリ中心部に近いマレ地区にある3階建てのギャラリーを借り切って開催された。日本の食文化の一端を担う和菓子の魅力を発信するとともに、羊羹を「YOKAN」ブランドとして世界にPRして販路を拡大するのが狙いだ。4日間の会期中、予想を大幅に上回る2,315人が訪れるほどの大盛況ぶりで、パリっ子たちに大いに羊羹を印象づけた。」

写真5-9（左上）　羊羹コレクション入り口の表示。日本の伝統的な「暖簾」とは異なりポップな印象を与えている
（服部麻子氏撮影）
写真5-10（右上）　羊羹コレクション展示（服部麻子氏撮影）
写真5-11（右中）　羊羹コレクションでは様々な種類の羊羹が展示された（服部麻子氏撮影）
写真5-12（左下）　パネル展示の様子（服部麻子氏撮影）
写真5-13（右下）　盛況になっている試食コーナー（服部麻子氏撮影）

パリで羊羹を紹介したことについて、参加者企業の以下のようなコメントが和菓子のグローバル化を展望するさいの観点の一つとなるだろう[*21]。「欧米人は甘い豆は苦手という風に聞いているので、私どもの羊羹にどう反応するのかそれが興味深い。(中略)お寿司も最初は生魚を食べるというので外国ではなかなか理解されなかったが、いまでは世界に広がっている。だからまず食べてもらい、知ってもらう必要がある」。また「ここ数年、日本には大変多くの外国の方々が来るようになった。今度は我々が、逆に外に出て行く番だと思っている。文化的、地理的に近いアジアよりも遠く離れたヨーロッパの方がむしろどんな反応が返ってくるのか興味がある。伝統食品と言われる羊羹も時代とともに変化している。今回は、フランスの味覚を意識しつつ、日本の伝統的な味わいを活かした製品を用意した。(中略)和食がこれだけ世界的に広まっているなかで、嗜好性の高い和菓子にも可能性があると感じている。単に味覚的な価値だけでなく、和菓子には文化的、伝統的な価値が凝縮されており、様々なアプローチの仕方があるのではないかと思っている。」。

　他にも、「イタリア、ミラノ博では伝統製法の出来立て羊羹を楽しんでいただき、好評だった。その時、コーヒーと羊羹の食べ合わせにも興味を持っていただけた。一方、日持ちのする密閉式羊羹をフランスで出したことがあるがあまり評判が良くなかった。今回は、羊羹本来のおいしさを知ってもらうために、セロファンで巻いた出来立ての本練羊羹を用意したところ、かつてとは異なる大変良い反応を得た」というコメントや、「今回紹介しているのは、羊羹にドライフルーツをのせた携帯羊羹である。(中略)フランスにはチョコレートにドライフルーツをのせた製品があるが、それと似たもの。シェリー、シャンパン、ワインに合うと好評だった。」といったことからも、初めての海外での羊羹コレクションは、現地の食文化を意識して、提案したものとなっている。

　また参加メンバー、経営者からのコメントのように、今回の事業は、和菓子が本格的に海外に販路を開拓する上で、貴重な経験になったと思われる。この催事の来場者数が当初の予定500名をはるかに超えた2,000名以上であったことからも、日本の食文化への関心の高さが、和食やラーメンなどだけでなく、菓子類に及んでいることが確認できる貴重な機会となったと思われる。

　また会場を尋ねたフランス人マダムは、試食を楽しめ、きれいだったと興味

関心を持っていたとのことである[*22]。

　和菓子は、伝統的な文化産業の一つでありながら、他の工芸品や、着物、織物などとは異なり、これまで行政の補助を受けずに継承されてきた。今回の催事への助成の認定は画期的なことであり、今後の活動形態として注目すべき事象となっている。

3. フランス人の和菓子づくりから見た　グローバル化の課題と考察

　本章で取り上げた「とらや パリ店」の存在や「羊羹コレクション in Paris」開催の事例からも、フランスは和菓子文化に対する興味関心が高い国の一つであると言える。日本の事業所が和菓子を紹介するだけでなく、すでにフランス人が和菓子をつくり始めている例からも、和菓子のグローバル化に関連する課題が見えてくる。

　2012（平成24）年、アルザス地方のコルマール市にフランス人女性 Cécile Didierjean-Sasaki 氏が「azukiya」という名称で週末のみの営業である和菓子屋をオープンした。彼女は、日本の大学で修士号、パリの第10学校で文化人類学の博士号を取得後、趣味の菓子づくりを仕事にするためフランス菓子の職人養成センター（フランスの製菓学校）で学び資格を取得した。彼女は製菓専門の通訳として仕事をしており、製菓学校の日仏交流などを通じ少しずつ和菓子とのかかわりが増え、興味関心が高まっていったという。

　和菓子づくりは、学校で教わったのではなく独学である。しかし、フランス人が和菓子に興味を持っているということで、日本で話題となった。また和菓子職人の水上力氏[*23]や清水利仲氏[*24]と交流し、おそらく日本の一般的な職人では教えてもらえないような高い技術までおしみなく教えてもらうこともでき、より和菓子づくりの知識が深まったという。

　最初は、「どら焼き」をつくるのがせいいっぱいの技術であったが、これをマルシェと呼ばれる朝市で販売していた。2014（平成26）年3月にマルシェをやめて旧市街に週末だけの小さな店を構えた。最近では他の和菓子もつくれるよ

うになり、店頭で販売できる菓子も多彩になっているという。

　しかし、彼女の店があるフランスの地方都市であるコルマールでは、まだまだ和菓子の意味を知る人は少ないという。そのため最初の顧客層は、主要な材料である「小豆」に対して興味を持っているマクロビオテックやベジタリアン嗜好の人々であった。彼らは白いんげん豆と同じように小豆を料理していた。もしくは、カカオと混ぜてチョコレートのようにすることもある。またフランスでは、天津産のオーガニック小豆が入手でき、彼らは有機農法で栽培されたものを購入するという。最近では、日本を旅行するフランス人が多くなり、こうした親日家も顧客として多かったという[*25]。

　そのため彼女は、コルマールの農家に小豆、手亡豆の栽培を委託し、和菓子づくりに有機農法（有機栽培＋無農薬農法）によってつくられた材料を使用しはじめた。「azukiya」の和菓子の材料の多くがアルザス産であり、どら焼きに至っては、はちみつなどを含め、ほぼ100％がアルザス産の材料となっている。羽二重餅に、大福、味噌饅頭などが、日本の和菓子のレシピによってつくられている。

　有機栽培での小豆は、収穫量も少なく均質的な粒で揃えることが難しいために、製餡の材料としては課題が多く、日本では、商業ベースにのせることは難しいだろう。しかし、こうした材料へのこだわりは、フランスの消費者の嗜好、ニーズの一つとして捉えられている。なお Cécile Didierjean-Sasaki 氏は、現在店舗を閉じており、有機農法により小豆を委託栽培し、製餡事業に取り組む予定、とのことである。

　フランスではすでに、有機農法による食品「BIO（Agriculture biologique）」商品への関心が、一部の消費者の関心を集めているというよりは、むしろ社会的な動向として高くなり、近年これらの商品の購買者層が急増している。たとえば、これらの購買は、2015（平成27）年上半期と2016（平成28）年上半期との比較においても20％の増加をしており、1年間の購買額では、約10億ユーロ増加する見通しとなっている[*26]。こうした消費者の意識や購買性向の変化だけでなく、政府によっても、これまでの大量生産型の農業によって環境汚染に悩まされたことから、現在は環境保全の取り組みが推進され、EUとフランス政府からは有機農法への転換とその維持に補助金が支出されている。こうした点

写真 5-14（左上）azukiya 店内（azukiya 提供）
写真 5-15（右上）azukiya 店内の商品（azukiya 提供）
写真 5-16（左下）Cécile Didierjean-Sasaki 氏と両口屋菓匠の清水利仲氏
azukiya のオーガニックの小豆畑にて（azukiya 提供）
写真 5-17（右下）azukiya のオーガニックの小豆（azukiya 提供）

からも加工食品の生産者、経営者は、有機農業による産品への移行が進んでいると思われる。一方で、日本で浸透しはじめた小豆のポリフェノールが健康に役立つといった情報については、フランスではこれを知る顧客はほとんどいないという。むしろ和菓子が植物性であること、有機栽培であるかどうかといった点が、食へのこだわりや美意識の高い顧客が反応する和菓子の特徴となっている。

このような様子からは、地方都市での和菓子の顧客は、日本のアニメや音楽などポップカルチャー、茶道や禅といった精神性にかかわるもの、もしくは日本画や「侘・寂」といった日本の伝統美に関心がある顧客というよりは、むしろ、健康的な食事、環境に配慮したいという趣向の顧客であり、和菓子の購入についても、動物性の材料を使っていないことや、食物繊維が多く含まれている小豆が材料であるといった性質によって支持されていることが示されるのである。

こうした客層から、「azukiya」では、餡（フランスでは、砂糖は、てんさい糖）の瓶詰も販売している。当初は、「豆のペースト」という商品名だったが、何に使うのか、どのように食べるのか、という質問が多かった。そこで、フランス語で「ジャム」という意味の「コンフィチュール」を使い、「小豆のコンフィチュール」という商品名にしたところ、食べ方の質問はなくなったということである。また和菓子の意匠については、シンプルな「おはぎ」「餅」や「団子」の色や形は好まれず、デザインが洗練されたものの評判が良いという。また和菓子一つの値段は、2.5ユーロで、この地域では高級な菓子の部類になる。虎屋のパリ店では、生菓子が一つ5.5ユーロであるから、価格帯が異なっているといえる。

さらに、フランスの消費者は、プラスチックパックによる食品ケースが環境に良くないという理由で敬遠するようになった。そのため乾燥を避ける意味で使用されている上生菓子1個用のプラスチックケースが、課題となっている。フランスは、2016（平成28）年9月に世界で初めて、プラスチック製のカップや皿を禁止する法律が制定された。この法律は、2020（令和2）年に施行予定であるが、すでに2016（平成28）年の7月にスーパーマーケットなどで使用されているレジ袋が全面禁止されている。CNNニュースによると、同法では、すべての使い捨て食器類について、家庭用コンポストで堆肥にできる生物由来の素材を

50%使うことが義務付けられ、さらに2025（令和7）年までにはこの割合を60%に引き上げるとしている[*27]。

「azukiya」では、すでに顧客からの要望とこのような社会的な背景を考慮している。たとえば、金曜日に販売している「お弁当」の常連の顧客は、タッパーを持参している。また日本でつくられている秋田杉で出来た曲げわっぱの弁当箱を使用するなど、プラスチック製品のケースを使わない、リサイクルできる容器を使うといった工夫を行っている。こうした対応が固定客の獲得にもつながったという。

また現在、日本の和菓子業界の特徴として、羊羹などの棹物が小型化し、保存性を高め、包装材のデザインで付加価値を高めるといった風潮があるが、こうした傾向も他国に行けば、過剰包装と判断される可能性がある。和菓子のグローバル化は、文化の紹介、興味関心に訴えるだけでなく、健康志向や環境に配慮した視点といったフランス人の生活の実態、規制当局の法律施行に即した対応も重要であることが示されている。

4. フランスでの和菓子から学ぶ和菓子の価値

和菓子のグローバル化を視野に入れたさい、フランスにおける和菓子の経営環境から見える課題がある[*28]。「とらや パリ店」では、2011（平成23）年の「東北地方太平洋沖地震」の発生によって引き起こされた福島県の原子力発電所事故の影響によって、日本からの輸入品への規制が各国で厳しくなり、安定した材料の供給がままならず、店舗の営業を行うことすら難しいという状況に陥った点である。またこのような原発事故の影響だけでなく、フランスで人気の日本の食材の一つである「柚子」についても、かんきつ類であるため、植物防疫上の輸入規制が厳しく、貿易を行うのが難しいという[*29]。そのため政府などが、規制緩和に向けて働きかけを行っているところであるが[*30]、すでにスペイン産の柚子がフランスの市場に登場している。このような経営ノウハウを別として、海外で日本産原料を使用する飲食店の環境が厳しいことも推察される。

またフランスでは地理的表示の効果やイメージの高まりから、地域に特徴的

な産品と、その景観との結合が醸成する地域イメージと関連させて、その他の複数の産品とサービスとの組み合わせ全体を高付加価値化させる方法として「味の景勝地制度（SRG）」が制定され、地域に特異な産品と関連したツーリズム振興が図られるようになっている（須田：2013）。

　日本においても2016（平成28）年に「食と農の景勝地（Savor Japan）」が制定された。コラムで十勝地方の取り組みを事例に紹介したように、これは、地域の伝統的で特異な農産品および加工食品と、それと密接に結びついた景観とがもたらすシナジー効果を通じて、増加しつつある外国人観光客を旅の「ゴールデン・ルート」から地方へと呼び込む、インバウンドでの地域観光振興を目指した制度となっている。こうした観点からも和菓子における地域との繋がりによる真正性というものの重要性が増している状況にあるといえるだろう。

　日本は、これらの取り組みによって、農山漁村ならではの「食」と「農」の魅力の結び付けなどによるコンテンツの磨き上げや農泊の推進など、マーケティング、情報発信等の戦略的な取り組みを一体的に行う地域単位の体制構築を促進し、訪日外国人の増加を含めた裾野の広い観光需要を農村地域に取り込むことにより、所得と雇用の増大を図ろうとしている。国際的にも、かつて重工業産業などで栄えた都市が、国際的な音楽祭や芸術祭を開催することによって経済的効果を生み出し、これを契機として都市再生を達成する事例が多数存在する。ユネスコでは2004（平成16）年からこのような特色ある文化を有する都市を「創造都市」として認定し、ネットワーク化している。このような創造産業や音楽や舞台芸術、アートといった文化芸術の活動は、現在は経済効果をもたらし、地域の再生に寄与していることなどが明らかにされつつある（佐々木：1997：2003、本田：2016、吉田：2015）。

　日本は、2013（平成25）年に「和食」（「自然を尊ぶ」という日本人の気質に基づいた「食」に関する「習わし」）がユネスコの無形文化遺産に登録されたことなどからも、日本の食文化への関心が高まり、その一環として日本の「おかし」の存在も次第に注目されるようになっている。JNTO（日本政府観光局）の調査でも、訪日個人旅行者の関心は日本の食が、もっとも関心のある体験として挙げられている。また日本滞在中に購入したいものとして、2年連続「日本茶」が最多トップとなり、2位「着物、ゆかた」、3位「洋服」、4位「日本の菓子」となっ

ている。そのため、日本の食の領域は、増加する訪日外国人にとって旅の大き
な目的の一つになっている現状が読み取れる。

　ただし、こうした菓子の多くは、茶道のように文化の深淵を見るような和菓子
とは異なり、その多くが既製品の菓子であり、また日本独自の「洋菓子」が注
目されていることが多いと推察される[*31]。しかし近年は、和菓子に馴染んだ外
国人も増加しつつある。たとえば京都に旅行した外国人旅行者が、パリの日本
食材店に、「おたべ」を求めにくるような事例が散見されている[*32]。

　こうした既製品の「おかし」のみならず今後は、郷土に根ざした和菓子文化
や京菓子といった日本の伝統美が伝えられているもの、伝統的な職人技による
温かみ、季節感、風情といった感性的な領域も情報の浸透が期待される。

　ところが現在は日本国内においては、伝統的な製法よりも衛生面が重視され
るような行政指導が行われており、たとえば素手で作業すること、また伝統的
な道具である天然の木や竹に対しては不衛生なものとして取り締まるような傾
向があることは課題となる。

　しかし、このようなグローバル市場と地理的表示の浸透などを見据えると、今
後は和菓子も地域の農産品との繋がりなどにも「価値」や「真正性」を問われ
ることになるだろう。そのため現在の和菓子の真正性を分析することで、今後、
諸外国からの視点や評価付けを積極的に取り入れることが必要となってくるだ
ろう。

　以上、海外、とりわけフランスでの和菓子の事例から学べることは、和菓子
のデザインの価値、そして、有機栽培や簡易包装といった環境や健康に配慮し
た領域、さらに、材料となる農産品を地域と繋がりを持たせることによって、地
域全体で取り組みとなる和菓子の登場が期待される。

　欧州が進めている食とその文化との関係の捉え方、政策の浸透とを比較する
と日本の食文化の認識やその活用は、まだ緒についたばかりの状況と言えるが、
和菓子もその一つの要素として、都市の伝統的なイメージを喚起させるアイコ
ンの一つとしても観光産業や地域活性化などに貢献できる可能性が高い。そこ
では、地域で育まれた和菓子の存在は、伝統的な価値を含めつつも、むしろ、
地域の風土や営みといったもの、「テロワール」などの概念と結び付けることで、
真正性が増すと考えられるのである。

ただし、前述したように和菓子の主たる材料である小豆は地域限定の材料で
は、品質と量の確保が困難となっており、そのために現在は北海道産の小豆に
頼らざるを得ない状況であり、和菓子の製造地と材料の産地との結びつきを示
すことが難しくなっている。

　ところが、高柳は「産地振興としてブランド化と大量生産・大量流通システム
の強化という方向性は重要である。この二つの方向性は、必ずしも排他的なも
のではない。むしろ、その組み合わせによって、日本の中で多様な産地が形成
されることが重要である。」(高柳2006：225)と示している。北海道十勝産小豆
のように、日本の和菓子生産の基盤をなす原産地は今後も重要な位置を占め
続けるであろう。おそらく和菓子が地域との関わりを深める方法としては、地域
の農業と結びつき、在来種の復活やそれらを使用した和菓子づくり、または地
域の農産品を材料に用いた和菓子づくりを行うことで、地域の活性化と地域の
食文化の継続に結びつけられるケースも生まれる可能性がある。たとえば、中
津川の「栗きんとん」などがその一例となるであろう。

　また、和菓子の材料として重要である大納言小豆や和三盆糖、波照間の黒
砂糖、吉野の葛など、江戸時代から続く著名な農産品や加工品が、農産品の
ブランド化戦略によってさらに価格が高騰した場合、和菓子の価格にどう影響
するのか、という点については、和菓子事業所から危惧されており、これから
の検討課題となろう。

　他にも、和菓子の伝統的な材料、葛や蕨などをはじめ、笹の葉といった和菓
子独自の材料も消失しつつある。すでに、小豆が田んぼの畔で栽培され濃厚
なえぐみを残した食品であったものから、量産化されるものになった点、また餡
を炊く火種が薪からガスへと移行しており、時代によって和菓子の風味は変化
してきた。こうした和菓子の材料のつくり手や継承者の不在だけでなく、和菓
子は伝統的な味や製法が維持できない点が課題として取り上げられつつも、
常に時代に即した材料と製法が生み出されてきたのである。グローバル化につ
いても同様に、その時々の課題にあわせて和菓子は柔軟に変化していくものと
思われる。

注：

*1 ヒアリング調査：全国和菓子協会専務理事 藪光生氏 2014年9月21日。

*2 ヒアリング調査：株式会社虎屋パリ店製造責任者（シェフパティシエ・当時）吉田太氏（パリ店の勤務期間1999〈平成11〉年11月〜2012〈平成26〉年2月）場所：株式会社虎屋本社。

*3 当時社長であった黒川光朝氏は、著書のなかで、虎屋の発祥の地「京都」と出店した「パリ」の都市を比較し、その類似性を次のように述べている。「パリは6世紀の初めにはメロビング朝のクロービスによってフランク王国の首都になる、751年にカロリング朝が始まっている。平安の都が出来たのは、桓武天皇の延暦13年（794）で、首都になったのも同じころである。日本では今や身分制度はなくなったが、京都には依然として、地域的に旧家が何百年と住み着いた町や通りがある。パリもまた同じで、ある階級の人たちが住んでいる地区が今でもある。さらに老舗と世間から評価され、今なお続いている盛業の店も多いことも、他の都市と比べて老人の数が多いのではないかと思われるほど、町でお年寄りを見掛けることも似ている。（中略）気性とか気質の面でも、共に好奇心が強く新しいもの好きである。京都の博覧会や市電の嚆矢。（中略）美術館、博物館、画廊画商の数なども似た面がある。センスの良さも抜群である。歴史的遺産として美的感覚も共に持っている。普段は別としても、オシャレであり、着道楽である。食べ物に関しても非常にうるさい。そしてお茶やお香と香水。何か匂いに敏感である。共に観光都市のためか、やたらに国内外を問わず他国人がやって来る。必然的に土産物屋が無数にある。」（黒川1984: 219-222）。

*4 フランスにおける日本製ポップ・コンテンツ受容の変遷については、安田昌弘（2014）「フランスの日本のポップ・カルチャー」『京都精華大学紀要』第44号、p104〜124に詳しい。安田（2014）によると、1978（昭和53）年にフランスの国営テレビANTENNE 2のこども向け番組『Récré A2』（Récréは Récréation の略で、学校の「休み時間」といった意味である）において『Goldorak（グレンダイザー）』が放映され、『Récré A2』ではこの他にも『Candy Candy（キャンディ・キャンディ）や『Albator（宇宙海賊キャプテン・ハーロック）』などが放映された。これが記録的な視聴率であったと伝えられている。

*5 ヒアリング調査：前述の吉田太氏（パリ店の勤務期間1999年11月〜2012年2月）。

*6 1990（平成2）年出店10周年記念にはエスパス・ピエール・カルダンにて、「源氏物語と和菓子」展開催、カクテルパーティ。

    1999（平成11）年バカラ社本店にて茶会を共催

    1999年『ル・フィガロ』誌の「パリのサロン・ド・テ、ベスト30」2位にランキング。1位は「クリヨン（有名な高級ホテル、オテル・ド・クリヨン内のサロン）」、2位は「フォション」と「とらや パリ店」が同率で選ばれる。

    2005（平成17）年出店25周年目には、社交界デビュー（オートクチュールブランドのドレスの紹介の場となっている）の会場でもあるオテル・ド・クリヨンにてカクテルパーティーが行われ、同ホテルのジャルダン・ディヴェールにて和菓子フェア実施。2008（平成20）年日仏交流150周年記念に銀製品の老舗メーカーであるリストルフ社とコラボレーションした銀食器「特製菓子器セット」販売する。以上、株式会社虎屋HPパリ店のあゆみより引用。

    https://www.toraya-group.co.jp/toraya-paris/ja/history 2016年7月14日最終確認。

*7 ヒアリング調査：前述の吉田太氏 2016年4月3日。

*8 またパリ店は、研修機関としての役割もあるという。広く海外の文化を知ることによって、職人が多角的な視野を持つということを目的とし、パリで和菓子がどのように受け入れられているのか海外の暮らしから学ぶ機会となっている。3ヵ月交代で年間4名、これまで述べ100名以上の虎屋の和菓子職人がこの研修を経験していることになる。このようなパリ店の情報の蓄積によって、虎屋は、2003（平成15）年に六本木ヒルズに「TORAYA CAFÉ」という新しいブランドを立ち上げた。

*9 パリに出店を決めた当時の社長黒川氏は、フランス人の和菓子の買い方が日本とは異なるために、年商予想が厳しいものになる、と次のように述べている。「売上は、年商一億円を予定しているが、

達成できるかどうかという状況である。フランス人客の消費行動は、ずいぶん日本人と違うからである。日本人は和菓子を買う場合、最低5個、普通10個という単位で買う。ところがフランス人は、例えば自分は菓寮で一つ食べてみた、おいしかったので主人と娘に一つづつ買って帰ろう、さて、自分の分をもう一つ買おうかどうかしようかと迷って買うという式である。どうしても客単価が低くなってしまうわけだ。」(黒川1985:94)。こうした購入方法は、現在の日本の和菓子店に一般的にみられる消費行動ではないだろうか。

*10　ヒアリング調査：株式会社虎屋パリ店製造責任者（シェフパティシエ）中野達也氏　2016年10月31日　場所：とらや パリ店。
　　　中野氏は、学生のころから手に職をつけたいという思いと、海外で仕事をしたいという夢を持って虎屋の求人をみて入社。日本勤務の10年間に京都、御殿場などで様々な和菓子づくりの技術を学び、その後、パリ店の製造責任者に就任し、現在6年目となる。就任後、日本のレシピどおりに作っても、菓子の表面が割れるなどうまく作れないという状況が続いた。その原因は、パリの硬水や乾燥した気候といった環境にあったことに気が付き、その後、2～3年は、パリの環境にあったレシピや材料を見出すのに費やしたという。

*11　立春から始まる一年を24に分けた季節のこと。このこまやかな季節の移ろいを和菓子で表現している。上生菓子を誂える菓子屋の多くは、二十四節気にそって菓子の意匠を変えている。

*12　フランスで和菓子の講習を行った清水利仲氏によると、「わらびもち」が好評だったという。また高級百貨店ギャラリー・ラファイエットでは、日本のデザートとして、餅の生地でアイスクリームを包んだ「餅アイス」が販売されている。また市内のレストランやカフェでも「Mochi glace」(餅アイス)というメニューが掲げられているのを見かけるのである。

*13　価格は、生菓子が一つ5～5.5ユーロであり、他の高級パティスリーのケーキや菓子類と同程度の価格となっている。

*14　パリ・クレマンソー美術館ではお茶会に協賛（2014年）している。

*15　こうした「とらや パリ店」が行ってきた現地に馴染む和菓子の製造販売を行ったという点は、東京で日本とフランスのブランド戦略のコンサルタント会社を経営するフランス人のピエール・ボードリ氏が次のように分かりやすく述べている。彼は日本に進出したファッションブランドの領域の事例で、インタビューに次のように答えている。
　　　質問者は「日本市場に進出したいフランスのブランドは日本人のセンスに合わせなくてはならないのでしょうか。それとも変えないほうがよいのでしょうか」。これに対して、ボードリ氏は「これは力関係の問題です。もしそのブランドが大いに力をもっているのならば、日本側がある程度（ブランドに）合わせることができるでしょう。しかしそれほど力がないと、ブランドのほうが日本に合わせなくてはなりません」。ボードリ氏は、足が短くてパンティストッキングがない時代に日本人にミニスカートが流行したことやミュグレー（というブランド）が、なで肩の日本人にふさわしくない大きな肩パッドが入ったデザインの服を発表し、これもあっという間に日本人女性に受け入れられたことなどを事例にあげている。NHK語学放送テキスト、ラジオ『まいにちフランス語』2016年3月号　NHK出版より引用。
　　　虎屋のパリ店に追随し、海外展開している事業所は少ない。虎屋は、1993（平成5）年4月27日にアメリカ合衆国のニューヨークにも出店していたが、2003（平成15）年に撤退している。その理由としては2001（平成13）年に起こった同時多発テロの影響が大きかったと伝えている。

*16　国内で行われた羊羹コレクション参加企業例としては、五勝手屋本舗（北海道）、標津羊羹本舗（北海道）、甘精堂本店（青森）、銘菓処木村屋（秋田）、岩谷堂羊羹回進堂（岩手）、白松がモナカ本舗（宮城）、玉嶋屋（福島）、なごみの米屋（千葉）、虎屋（東京）、清月堂本店（東京）、菓匠青柳正家（東京）、千鳥屋総本家（東京）、榮太樓總本舗（東京）、HIGASHIYA（東京）、池田屋（新潟）、中村屋羊羹店（神奈川）、小布施堂（長野）、巌邑堂（静岡）、鈴木亭（富山）、茶菓工房たろう（石川）、御菓子つちや（岐阜）、柳屋奉善（三重）、菓匠禄兵衛（滋賀）、御菓子司西善（奈良）、長堀駿河屋（大阪）、廣栄堂（岡山）、平安堂梅坪（広島）、米子御菓子司つるだや（鳥取）、元祖黒田千年堂（島根）、日の出楼（徳島）、福留菊水堂（高知）、鈴懸（福岡）、村岡総本舗（佐賀）、

赤司菓子舗（大分）、安田屋（宮崎）、お菓子のまつだ（沖縄）、その他多数。

*17 2010（平成22）年 第1回：三越銀座店、2011（平成23）年 第2回：大阪三越伊勢丹、2012（平成24）年 第3回：札幌丸井今井 第4回：大阪三越伊勢丹、2013（平成25）年 第5回：福岡岩田屋本店、2014（平成26）年 第6回：新宿伊勢丹本店、2015（平成27）年 第7回：札幌丸井今井札幌本店で行われた。

*18 資料提供：出店企業の巌邑堂主人内田弘守氏より。

*19 10 occasions…10 good reason for eating YOKAN!
1. Library
2. Fashion week
3. In the garden
4. Beauty Salon
5. Museum
6. Sports
7. Red Carpet
8. Underground Party
9. Trip
10. Wedding　羊羹コレクション企画書より。

*20 産経新聞より http://www.sankei.com/life/news/160329/lif1603290001-n1.htm 2016年4月6日最終確認。

*21 『製菓製パン』製菓実験社 2016年6月号からの引用。

*22 ヒアリング調査：パリ在住の食と農のコンサルタント　服部麻子氏　2016年6月15日。

*23 彼女は、水上氏の著書『IKKOAN 一幸庵 72の季節のかたち』(2016) 青幻舎を仏訳した。水上氏の同著は、英語と仏語で翻訳されている。

*24 愛知県両口屋菓匠専務。中部圏の和菓子の研究会である明和会の指導をはじめ、2016年に「卓越した技能者（現代の名工）」として表彰されるなど、業界のリーダー的存在である。フランスで和菓子づくりを行う Didierjean-Sasaki 氏や日本で和菓子の修業中のフランス人を技術面等々からアドバイス、支援をしている。

*25 ヒアリング調査：Cécile Didierjean-Sasaki氏 2018年1月4日。

*26 フランスのオーガニック農業を推進する公益団体である Agance BIO（アジャンスビオ）の2016年9月20日の報告より。 http://www.agencebio.org/actualites/conference-de-presse-de-lagence-bio-croissance-historique-de-la-bio-en-france 2016年11月4日最終確認。

*27 https://www.cnn.co.jp/world/35089279.html 2017年8月24日最終確認。

*28 参照資料：農林水産省の「新たな農林水産物・食品輸出戦略 に基づく取組について」http://ogb.go.jp/nousui/yusyutu/kaigisiryou/130207/siryou01.pdf 2016年11月1日最終確認。

*29 フランスのEUS市で、BACHES氏によって柚子が栽培されている。有名パティシエなどは彼の柚子を使用しているという。ヒアリング調査：Cécile Didierjean-Sasaki氏 2018年1月4日。

*30 参照資料：農林水産省の「新たな農林水産物・食品輸出戦略 に基づく取組について」http://ogb.go.jp/nousui/yusyutu/kaigisiryou/130207/siryou01.pdf 2016年11月1日最終確認。

*31 参照資料：JNTO日本政府観光局「TIC利用外国人旅行者の訪日旅行実態調査報告書」平成22 (2010)年 http://www.jnto.go.jp/jpn/news/press_releases/101124_ticchousa.html 2016年7月10日最終確認。

*32 ヒアリング調査：パリ在住の食と農のコンサルタント　服部麻子氏　2016年6月15日。

第6章

これからの和菓子

本章では、本書のまとめとして、現在の和菓子がおかれている環境、そして伝統的に構築されてきた真正性とは異なる新たな価値づけ活動による和菓子の「これから」について検討したい。

　現在の和菓子の価値をコンヴァンシオン理論のシテ概念の枠組みで捉えて要約しておこう。京菓子などの「家内的シテ」の「上位原理」によって評価されてきた領域を残しつつ、「工業的シテ」と「市場的シテ」との妥協により、機械化され、衛生管理された低価格での和菓子が量販店で販売される一方で、「インスピレーションのシテ」によって評価される現代アートのような菓子や、百貨店での催事に見られるように「プロジェクトのシテ」によって評価される活動を通じて価値がもたらされる和菓子とが共存し、新しい和菓子の価値づけアクターが職人側、消費者側ともに登場しているのである。以下、本書の議論を要約し、これからの和菓子にとっての課題となりそうなことを指摘しておこう。

1. 和菓子の伝統的な真正性

1-1 和菓子の真正性の源泉

　真正性については、「家内的シテ」の和菓子となる「京菓子」、とりわけ茶席に用いられる「茶席の菓子」を事例として、カルピーク（Karpik: 2007）の特異な財の理論的枠組みを用いて、これらの高い「品質」の構築の背景について分析を行った。

　日本の菓子、すなわち和菓子を真正な食文化として語ることができる背景は、以下の理由によろう。

　まず高次の食文化としての和菓子である。京都において、御所での政や行事、さらには茶の湯によって規矩に則って発展した菓子は、花鳥風月といった日本の自然と四季、源氏物語をはじめとした文学、信仰に根ざしたモチーフを表現した優美さ、あるいは、侘・寂が表現されている。これらの「菓銘」や「意匠」を理解するには、高い教養と知識が必要とされたため、茶道家元や暖簾を巻き込んで、菓子は上流階級の間での「クラブ財」としても機能していたと推察される。茶の精神、道具、遊びの部分を含めて、これらを解する人々を結び

つけ、経済的価値とは独立していながらも、自らを区別立てすることを可能とする象徴財として機能していたと考えられる。こうした点は、ブルデューの「文化資本」や「場の概念」によって確認した。

　また神社仏閣や茶の湯との関係とならんで、当時希少であった菓子の原材料「白砂糖」をめぐって、時の権力者、暖簾と茶の湯が独特の発展を見たのである。砂糖だけでなく、これらの菓子は、京都近郊、あるいは全国から選ばれた優れた品質の材料によって作られてきたという特徴もある。

　こうして高い社会的階級において需要があった菓子は、「甘さと権力」が密接に結びつき、特異な財として「京菓子」を構成し、暖簾とともにその真正さが語られるのである。

　そして、一方で、私たち日本人の誕生から死に至る人生の節目節目、伝統的な通過儀礼に、和菓子が彩りを添えてくれている食文化としての存在である。これは、日本人の信仰心や神社仏閣とも深く関連し、生活と密接に関わって発展してきた。家庭でつくられてきた餅や団子、そして「おらが町の饅頭屋」として和菓子は人々の生活と共にあるといえる。これらは地域ごとに特徴的な和菓子文化を形成し、現在は土産品としても観光客を楽しませてくれる。また生活に密着した菓子だけでなく、城下町を中心に茶の湯と関連した菓子の発展も見られるのである。このように和菓子は、甘さと権力、一方で暮らしと寄り添って発展してきたことから、日本の真正な食文化をなしていると考えることができるのである

　しかし、和菓子にも工業化が進展したために職人技による真正性は薄れ、また原材料も産地が集約されているために、現在フランスで特異な産品として語られている「テロワール」（地域の自然条件と伝統的ノウハウの結合から生じる品質）の真正性とは異なる特徴によって真正性が構築されてきたといえる。

1-2 和菓子の真正性の危機

　伝統的な製法の厳守については、かつては、伝統的なアクターが「暖簾」を目印として、その品質の背景（優れているといったこと）を共有していた時代があった。しかし、現在は、「暖簾」の名のもとに、御菓子司を含め、機械の導入が進展し、和菓子の職人技の定義はあいまいなものとなっている。たとえば、茶

席の菓子を職人が誂える一方で、他方では、製餡機、包餡機を導入し、百貨店などで大量販売向けの製品も同時につくられている老舗が大勢を占めるような状況にある。これには、菓子屋における製餡業務の労働力の軽減といった側面や分業体制という理由によってポジティブに捉えられてきた。ところが、製餡の工程を製餡業者が担うようになったことで、製餡業者は製餡技術を磨き、技術を蓄積し優れた餡を特徴とした和菓子の販売を行うといった逆転現象も各地に散見される。またコンビニエンスストアなど、量産化と安価であることによって市場を獲得してきた和菓子は、材料の質を上げることで高品質化が図られ、人気を得ている。さらに和菓子の真正性のイメージの創作といった事例も見られる。京都においてさえ、伝統的な京菓子の団体である「菓匠会」への所属といった歴史的な背景がなくとも、禁裏御用、御菓子司の由緒や老舗のイメージを醸成するような事業所の事例がある。

　なお和菓子、とりわけ郷土菓子においては、地域の活力の底上げに貢献するためには、フランスの「味の景勝地制度（SRG）」にみられるような、地域に特異な和菓子と農業景観（たとえば栗林や干し柿の風景など）との結合を、現地に足を運ぶことで体験してもらうような視点が、観光振興の視点からも追求されるべきであろう。

　また現在は、インターネットを通じて情報が伝わる和菓子や海外からの和菓子への反応といったものは、その意匠やデザインに価値が置かれているという状況にある。しかし、長い歴史のなかで育まれてきた和菓子の味が、インターネット上で評価されないからという理由で、副次的に扱われるべきではない。後述のように、チョコレートのような、きわめて繊細な食品において見られるように、和菓子についても味の面で挑戦すべき課題が多いのではないだろうか。これは東京都大田区の和菓子事業所の「ドライフルーツの羊羹」の事例で指摘したとおりである。見たものを口に入れることができ、またそれを味わい、感動を呼び起こすことも可能にしてくれるといったことは、他の芸術作品では見られない和菓子の優れた特徴であると考えられるからである。

　また和菓子を通じて季節を感じ、ハレの日には和菓子を贈って、家族や子孫の繁栄を願い、また弔事には和菓子を供えて故人を悼んできた。このような和菓子を巡る人々の行動は、文字どおり「和」をとりもつコミュニケーションツールで

ある。海外に和菓子を紹介する意味においてもこのような文化的な特徴を日本
人が認識し、内外に伝えていくことで、その存在感に深みが増すと思われる。

2. 和菓子の海外展開への展望

2-1 チョコレートにおける日本食素材導入の先駆的事例

　すでに『ミシュランガイド』で多くの日本人シェフが、国内外で星を獲得して
きた。レストランだけでなく、日本人の菓子職人の技術水準の高さといったもの
も、たとえば日本人パティシエがフランスで活躍し、また世界最大のチョコレー
トの祭典「サロン・デュ・ショコラ」でも、日本のショコラティエが活躍している。
たとば、「C.C.C.」(Club des Croqueurs de Chocolat) コンクールでは、パティシ
エ・エス・コヤマの小山進氏が6年連続となる最高位の「ゴールドタブレット」
を獲得するなど、その実力は、国際的に知られているところとなった。

　そのため、日本の食材は、今後もフランスの食文化に影響を与えていくものと
考えられる。影響力が大きいと思われる具体的な事例として、小山氏がチョコ
レートに用いた、抹茶や柚子はもちろん、桜の葉、醤油、奈良漬け、日本酒、酒
粕、昆布といった日本の伝統的な食材は、日本の発酵食品の文化などによって
生まれたものであり、しかし、比較的馴染みのある食材である。これらの食材と
チョコレートのコラボレーションは、次のように表現されてサロン・デュ・ショコ
ラに出品され、その後、販売されている[*1]。

2014年 SUSUMU KOYAMA'S CHOCOLOGY 2014「SENSE」より
「桜の葉＆フランボワーズ」

花も見頃を終え、散り始めた桜。花びらの愛らしい薄桃色とは異なり、この頃の桜は
花芯や新芽の艶やかな緋色が目を引きます。その様子から連想するのは、美しくもは
かなげな後ろ姿の着物の女性。その独特の和の風情に斬新な発想をプラスして閉じ
込めたのが、この一粒です。桜の香りと味わいのイメージは、実は花ではなく葉に潜
むものです。桜の葉に含まれるクマリンという成分がその源。熊本県南阿蘇のソメイヨ

シノの葉には、そのトンカ豆にも似た香りのクマリンが豊富に含まれています。桜の葉を生クリームでアンフュゼして香りを移し取り、カカオ分40％のショコラ・オレのガナッシュに。下層にはマダガスカル産クリオロ種のカカオ64％でつくられたフランボワーズの甘酸っぱいガナッシュを添えました。桜の葉の個性豊かな「和の香り」×フランボワーズの華やかな「西洋の酸味」という、これまでにないコラボレーションは、限りある命の一瞬の輝きを鮮やかに表現し、新しいアプローチのショコラ・ジャポネが完成しました。

2016年 SUSUMU KOYAMA'S CHOCOLOGY 2016
「Human ~coexist with nature（自然と共に）~」より「奈良漬プラリネ」（写真6-1）

辛口な一般的なものに比べてまろやかな香味を持つ「味淋（みりん）漬」という名が付けられた京都生まれの奈良漬。「発酵」「熟成」を経て素晴らしい味わいが生まれるこの素材を200度以上の高温で1〜3秒間プレスするという、日本の最先端の技術である「瞬間高温高圧プレス」にかけ、フレーク状に変身させました。メインはザクッとした食感を残したピエモンテ産ヘーゼルナッツの自家製プラリネとコスタリカ産シングルオリジンのショコラ・オレ40％としながらも、隠し味としてこのために特別に創ったマンゴーのフリーズドライを混ぜ込み、さらに、コーティングの間に発酵後のカカオにパッションフルーツのピューレを加えて二次発酵させて創り出されたショコラを上下に薄く配してエキゾチックなアクセントを加え、その酸味で、より立体的な味わいをデリケートに表現しました。
デコールは、土から抜き取られた大根がチョコレートへ溶け込んでいくようなイメージのデザインです。

　このように、用いられた日本の食材についても、産地やその製造工程がストーリーとして紹介されている。
　またこれらのチョコレートのデザインはいずれもきわめてシンプルである。しかし、その手間暇かけた工程、素材の選別、加工方法や技術といった詳細がつくり手の想いとともに言葉によって表現されているために、チョコレートが一つの作品として重みと奥行を持ったものとして食べ手側に伝わってくる。このよ

写真6-1
「奈良漬プラリネ」右下
（PATISSIER eS
KOYAMA 提供）

写真6-2（左上） PATISSIER eS KOYAMA パティシエエスコヤマの小山進氏。Salon du Chocolat 2016
Parisの会場で行われた徳島ゆずコラボレーションセミナーにて（PATISSIER eS KOYAMA 提供）
写真6-3（右上） Salon du Chocolat 2016 Paris の会場で行われた International Cholat Awaeds授賞式-1
（PATISSIER eS KOYAMA 提供）
写真6-4（下） Salon du Chocolat 2016 Parisの会場で行われた International Cholat Awaeds授賞式-2
（PATISSIER eS KOYAMA 提供）

うな日本の食材は、西洋人にとっては、馴染みのない未知の味覚であるために、より日本へのエキゾチシズムを引き出しているのである（写真6-2）。

　このようにチョコレートというグローバル化した文化的食品の領域において、日本の食材が様々に紹介され、評価されることによって、日本の食文化の特異性が浮き彫りになるとともに、これらの食材が言葉として説明される機会を得られ、日本人自身が、あらためてその存在に気づかされているといえる。

　日本の伝統的な食材が有する個性や特徴が、小山氏のようなつくり手によって、再構築されることで、海外で高く評価されている（写真6-3、6-4）。特に「美食の国」を誇るフランスにおいて高い評価を得ていることが重要であろうし、注目を集めているといえる。

　このような外部の環境の変化によって、今後、和菓子が海外に紹介される都度、その特異性と、それを説明する言葉というものも洗練されてくるものと期待される。茶席の菓子も、おそらくは材料をはじめ日本の季節や文学と結び付けられて、その奥深さを楽しむコミュニケーションツールとして捉えられていたと思われる。

2-2 和菓子の海外展開にあたっての課題

　今後の課題として、和菓子のグローバル化を視野に入れた場合においては、フランスに紹介されている和菓子の事例からは、デザイン、審美性への興味関心の高さが示されていた。こうした側面は、今後も興味関心をもたらす手段の一つとして位置づけられるだろう。しかし、より身近な「食品」としての展開を目指すのであれば、欧米諸国ではすでに農産品や加工食品の価値が有機農法であることなど環境に配慮した産品の需要が高まっている点や、植物性の菓子という特徴がより活かされるだろう。また欧州ではすでに贈答以外のシーンでは、石油由来のプラスチック包装や過剰な包装ではなく、環境に配慮した包装材が求められている。歴史的にも、日本の包装、菓子を包むものは竹や葉などの植物を活かしたものであった。

　このような特徴、自然の素材を菓子に用いる手法は、大いに興味関心をもたらすであろう。しかし他の材料と同様、すでに優良な産地の笹や葉というものが消失し始めており、伝統的な産地以外の地域のものへと移行している。それ

どころか、すでに多くは輸入品に置き換わっているという現状もある。環境への配慮といった点については、そもそも日本はお家芸ともいえる先人たちの創意工夫があった。「粽」や「柏餅」「桜餅」といった代表的なものだけでも、自然の葉っぱの香りを活かし、同時に菓子を包む役目をはたしていた。特に竹の皮や笹の葉は、香りだけでなく保存性を高めるといった意味でも活用された[*2]。そして、贈り物は、「風呂敷」という布に包んで、これを携えて相手先へ手渡しに行ったのである。これは、現代社会に通じる優れた文化的特質であったと考えられる。

　国際的にも環境への配慮といったものは、喫緊の課題としてますます重要性を増しており、和菓子周辺の材料を維持する意味、伝統的な美点として和菓子業界は、より具体的に環境保護について取り組む意義があるのではないだろうか。

3. 和菓子の審美性、アート化の課題

3-1 茶の湯における和菓子の審美的評価

　茶の湯における菓子の意匠や美しさといったものは、茶道における規律や言説に見られるような「奥ゆかしさ」や「侘」といった精神、茶事茶会での調和にあるといえよう。さらに、「菓子切り」でいただくという行為にみあう意匠が求められる。神仏、動物を写実的に表現することは避けられるべきものである。

　また「和食」文化の保護・継承国民会議会長である熊倉（2009:13）は、和食は「自然の尊重」という精神に支えられており、人間が自然と和解し、共に活かし合うことを可能にする文化であると述べている。具体的には生活における信仰、礼儀、行事、家事、交際、趣味、娯楽、芸能などの「形式と内容」「かたち」と「こころ」によって示されるもの、が基本であり、いけばなや茶道の精神にみられるように日本の風土に暮らすうえで、自然の美しさ、移ろい、はかなさなどを含めて、美意識として捉え、生活のなかに繋げている（熊倉:2009）。和菓子はこうした特徴をより明確に「意匠」と「菓銘」によって伝えているといえる。また熊倉（2009）が述べるように、なによりも、これらは、日本の自然との

調和である。季節が移りかわるとともに菓子の移り変わりも楽しむ心を持ち、またその季節にしか味わうことができない菓子を待つといったことも菓子の魅力の一つになっているといえる。

　この菓子の美しさが現代まで継承されてきた背景には、茶の湯で「家元の茶道具」をつくる千家十職の道具と同様に、西洋の芸術観ではなく、微妙な変化のなかに新しい創造性を発見する日本の美意識の精髄がある。西洋の天才画家と呼ばれるようなオリジナルの名画とは異なり、優れた意匠の菓子は、暖簾の下で、体得によって継承され、茶の湯の言説とともにつくられ続けてきたために、食品でありながら、現代まで受け継がれてきたのである。

3-2 和菓子のアート化

　しかし、近年、これらを価値づけてきた代表的なアクターであった茶道関係からの需要が減少するにしたがって、菓子屋は、他のシテに属する顧客と商売を行わなければならなくなるといった状況になったのである。

　これまで、共有してきた菓子に対する評価基準が異なる消費者に対し、優れた菓子とは何かという価値の伝えどころが難しく、もしくは、消費者の好みに合わせるべきなのか、という選択肢、新たな課題にも取り組まざるをえないという状況になるのである。すでに1958（昭和33）年の菓匠会の記録には、日本美術教育学会の初代会長、京都府文化芸術会館理事長を務めていた当時京都大学文学部教授井嶋勉氏の講演を聞いた会員が「伝統芸術の有りし姿は一つの約束を守って来たのである。即ち今までは何物かのよりどころによって生きて来た美は、今は一切信頼するものがなく自らの生き方を考へねばならぬときが来た。新しい芸術はそれである。現代はやはり生き抜く以外に道はなくなった。自分を省みるとき現代人とは程遠い自分である。菓子の世界は目と舌で生きるよろこびとしているが、現代を見つけていないから其処まで到達していないから研究の余地はある。将来はどうなるか判らないが現代人の好みと要求は違ってくる。即ち、暖簾の約束、限界、段階、独創、これをどうして切り開いていくか、ここにジレンマがある。美を求める姿でない、現代人に訴へる創作菓子などと、哲学的と云ふが仲々にむつかしい。然し心の琴線に触れる話であった。」と感想を述べている（菓匠会：1987：312）。

一方、現代の和菓子の変化、アートのような和菓子というものは、こうした伝統や茶道の規矩を考慮していない審美性である。現在の生活の感覚、独創的で、新しいスタイルの創造という西欧的な芸術観に近いものとなろう。このように自由に製作を試みる和菓子作家、またアーティストとして活躍し始めた菓子職人がつくり出す菓子は、「オリジナリティ」についての課題がある。インスピレーションのシテによる原理で延べられるように、「オリジナリティ」とは、「作品が作者の独創によって生み出されたものであるこということ」（暮沢：2009：160）が大きな要素になる。しかし、その一方で、「美術史上の名作の多くも実は王族の発注や工房での共同作業によって制作されたものであり、天才の自明性の過度な強調は、こうした要素の過小評価にも繋がっていたのである」（暮沢：2009：160）。このような事実から、ミシェル・フーコーが提示した「作者とは何か」（1990）という問いからもオリジナリティそのものが問題となっている。

3-3 模倣は今後も許され続けるか

　ところが、和菓子は、作家のオリジナリティによってつくられたデザインのものであっても、「一点もの」とは異なっている。受注生産の菓子であっても、用途が、茶会やその引菓子であれば、相応の数が必要となる。もちろん、同じ菓子を複数、時には数百個をつくることが職人の基本的な職能として要請されている。

　さらに、現代のテクノロジーの発展によって、芸術作品も大量の複製品が可能になった。そのため、前述したベンヤミンの唯一の作品にまとう「アウラ」とは何か、芸術作品においても現代社会に新たな「アウラ」の定義が要請されるのであろう。

　暖簾ではなく、職人のオリジナリティを看板とした菓子が、シテ概念で述べると「家内的シテ」とのコンフリクトをもたらしていることはこれまでに述べてきたとおりである。しかし、こうした新しいデザインの菓子が人気を得るやいなや、瞬く間に類似品が市場を賑わすのである。もちろんどのような産業、業界においても類似品との闘いは免れないといえる。そのため他が真似できないような圧倒的に強い個性を発揮するべきだ、というのはある部分では、的を射ている理論である。

しかし、かつて和菓子業界では、暖簾分けによって、あるいは、相互扶助的な意味で和菓子のレシピが共有され（あるいは類似のレシピによって）、同類の菓子の技術向上、研鑽がなされてきた時代があった。また同業者でも商圏が遠隔地にあるため、レシピを融通しあうといったことも仲間内として行われてきたのである。

　一方で、前述したように真正性のイメージの創作の問題があり、あるいは鈴木（1967：101）は、「一つ評判の良い菓子ができると、その模倣品が次々とあらわれますが、この種のものは粗製品のくせに、宣伝のほうはかえってうまいので、我々を困らせてしまいます。（中略）昔の人は他に高名なものがあっても、いたずらに模倣するようなことはありませんでした。」と述べている。

　また橋爪（2006）が述べるように、その菓子屋に伝わる伝承や栞などに記された由緒書き、伝統への記述には、資料的に信憑性の問われるものも多く、時には創作されてさえいる、と述べている。なかでも地方名菓や土産品などでは、顕著な特異性を持つものばかりではなく、類似製品の他社との差別化がきわめて重要であったため、その傾向が強いとされる。その背景として、日本各地に伝わる名菓の基準について、味覚以外に、伝統や由緒、菓子名といった要素がその価値の大きな比重を占めていることがある。さらに、少数の材料と製法でつくられる菓子は、類型化が容易であり、同類に属するものには共通点が多い。とりわけ地方名菓には、異なる複数の地域に同類の菓子がある例、また一つの地域に同じ菓子をつくる複数の事業所がある例などが見られ、その場合、各店の屋号には、元祖、始祖、本家といった冠詞が付されている。類似の他社との差別化がきわめて重要な問題であったことも指摘されている。

　もちろん、類似の菓子が集積して発展したことにより地域の特徴として魅力あるものとなってきたことは、中津川の「栗きんとん」で見てきたとおりである。また共存共栄という精神や仲間との情報交換といった意味では、類似の和菓子は否定される側面のものでもないように思われるかもしれない。しかし、これが本来の意味での芸術作品であれば、盗用になるであろうし、音楽では、著作者の権利として、その利用は厳しく管理されている[*3]。またこれまでは商圏が異なるといった点からも、珍しい菓子、新しい意匠の菓子は、それぞれの地域で、需要があったことも推察される。ところが、近年は、流通網の発展とインター

ネットの整備、全国展開する百貨店の戦略によって、商圏の消失も見られる。さらに今後、個人として、オリジナリティのある和菓子をつくり、和菓子を通じて、自己表現を行いたいという立場を取る職人にとっては、因習として受け止められるのではないだろうか。これからの業界の動向に注目したい。

3-4 和菓子の品質評価制度の必要性

　「インスタ映え」と呼ばれるフォトジェニックな要素が、重要な評価基準となりつつある現状を鑑みると、より根本的な問題として、和菓子の品質について、ある種の評価制度の仕組みも必要な場合があるかもしれない。とりわけ地域との結び付きによって発展した郷土菓子については、比較的新しい事業所や新しい産品、生産者が多数いる場合、その真正性を担保するために規格化とその管理などを通じた制度的保証が要請されるだろう。地域の産品を使用し、「テロワール」と関連した地域に特異な菓子などは、こうした制度が有効に働くであろう。ある一つの和菓子事業所が、その地域の菓子の評判を落とすような菓子をその名称で販売した場合、発展しつつある、地域全体の和菓子のイメージを損なうことになるからである。材料や製造ノウハウについて最低限のガイドラインをつくることも考慮されるべきであろう。

　外国では、食を評価する仕組み、制度があるものとして著名なものにワイン文化がある。和菓子の評価とその課題について考察するための参考として簡単に紹介しておきたい。まず統制原産地呼称（AOC）を受けるためには、当該ワインは決められた仕様書に従って、決められた地帯で、決められたノウハウに従って製造されなければならず、出来上がったワインはブラインドでの試飲を受けなければならない。試飲のさいにワインを表現するための共通語は、比較的身近な食品や事物に例えたボキャブラリー（たとえば、木イチゴやたばこ、など）が整備されている。またソムリエ[4]に対する社会的評価の高さ（ステータスや信頼）の存在がある。一方で、ワインのランキング付けで、評価と物議を醸しているロバート・M・パーカー・Jr（パーカーポイント）の存在などもワインの評価と価値づけに貢献しているという側面がある。またフランスでは M.O.F（Meilleur Ouvrier de France）といわれる国家最優秀職人勲章の制度がある。またミシュラン社が独自の調査によって飲食店をランキング付けし、『ミシュランガイド』と

して発刊している情報は、世界的に大きな影響力を及ぼしている現状がある。またこのガイドブックに日本料理も評価され、新たに日本酒にもパーカーポイントがつけられたのである。

　前述したフランスのAOCなどを事例に考えると、伝統的なノウハウは、仕様書に記載される。すなわち、一子相伝や秘伝の技、そして、隠し味といったことも意味をなさなくなる。しかし、ラベルにおける信頼、品質の確かさといったものが優先されているのである。翻って、日本の菓子、御用の菓子、茶席の菓子の製造は、一子相伝によって伝えられ、また文字ではなく、体得、伝承によって継承されてきたものである。そのため、これらを伝統的な製法として仕様書に書き表し、公表するといったことは、心理的な抵抗が大きいと思われる。

　しかし製造工程の多くを機械化した菓子であれば、たとえ、その菓子の伝統と由緒に価値があったとしても、職人は、機械の操作方法を学び、材料を投入し、清掃を行うことが業務の大半となっているため、仕様書を作成するまでもなく、すでに機械の操作方法と衛生管理が「マニュアル」化されているだろう。

　すなわち、製餡から包餡、成形までのすべての工程を機械化した菓子であっても、同じ「御菓子司」という暖簾の下で菓子が販売される、ということが一般化している。いずれの菓子も暖簾の名の下に「京菓子」を名乗れるものなのであろうか。また、「京都でつくられている」という意味での「認証マーク」は、伝統的な京菓子の製法や品質を有していない場合においても、京都で製造されているということによってのみ、このマークが付与されていることが課題になるだろう。

　もちろん、誠実な御菓子司も存在している。本書では、こうしたきわめて誠実な菓子づくりを行う御菓子司を真正性のある御粽司、御供物司、御菓子司の事例としていくつか取り上げさせていただいた。もちろん、「暖簾」や「象徴的要素」にかかわらず、家業として、一見細々と、しかし内実、真に菓子に向き合っている職人による菓子づくりが、現在も各地に見られる[*5]。

注：

＊1　SUSUMU KOYAMA'S CHOCOLOGY 2014を参照。http://www.es-koyama.com/salon_2014/ items/index.html、http://www.es-koyama.com/salonduchocolat/salon_2016/items/index.html、2017年9月9日最終確認。

＊2　粽などを包む笹の葉は、左京区の北部山間地域に分布している裏に毛のない「チュウゴクササ Sasa veitchii var. hirsuta」と呼ばれるもので、これが菓子の香りや保存性などに重要な役割を果たしている。鞍馬山などに生息するこの笹が2007（平成19）年に一斉開花枯死したことは京菓子にとって大きなダメージであった。川端道喜も独自に笹の葉を採取していたため粽の販売数を制限することになった。なお京菓子とこの笹の繋がりを研究した論文がある。阿部佑平・柴田昌三・奥敬一・深町加津枝（2011）『京都市におけるササの葉の生産および流通』日本森林学会誌第93号第6号：270-276

＊3　一般社団法人日本音楽著作権協会 JASRACに詳しい。
http://www.jasrac.or.jp/copyright/protect/index.html　2017年9月1日最終確認

＊4　レストランなどで、客の相談にのって適確なアドバイスを行い、ワインを選び、サービスをする専門職。

＊5　本書でこのような事例をすべてをご紹介できなかったことをお詫び申し上げます。

おわりに

　少し大げさな言い方を許してもらえるならば、現在の資本主義的蓄積体制は、非物質的ないし無形遺産的intangible価値を資本蓄積の源泉とし、この体制下では、製品の品質、地域性といった多様な価値、および財の真正性が意義を有している。とりわけ農産品や食品に関しては、フランスをはじめ欧州では、テロワールという概念によって、地域に固有な文化や景観、生産消費慣行と密接に結び付いた財やサービスの真正性についての研究の蓄積が厚い。

　本書では、こうした財の真正性を有する無形遺産として日本の伝統的な食文化の一つである和菓子、とりわけ「京菓子」を事例として、これを取り巻くアクターの関係を分析することによって家内的品質の構築を分析し、ここから独自性、希少性、真正性を明らかにした。伝統的に、茶道や神社仏閣などの権威筋とともに発展してきた和菓子も、長崎のカステラ、佐賀県の小城羊羹、鹿児島県の軽羹、岐阜県中津川の栗きんとんといった郷土の菓子も地域の食文化の重要な要素をなしている。さらに現在では、国内においては、インスピレーションのシテによって評価される審美性に重きをおいた和菓子、プロジェクトのシテによって評価されるイベントごとにつくられる和菓子が登場している。また外国人観光客などによる上生菓子のインスタグラムへの投稿などにより和菓子がエキゾチシズムを駆り立て、好奇心の対象をなし、活性化していることは、本書で述べてきたとおりである。

　多様な価値の併存を強調するコンヴァンシオン理論が主張するように、茶席の菓子は、機械によって成形される量販タイプ（工業的シテ）の和菓子とは異なった論理による経済活動と市場が調整される一つの領域であった。また和菓子産業において、常に家内的シテの上位原理が生き続けてきた。そのためプロジェクトのシテが台頭したとしても、家内的シテによって説明できる和菓子、暖簾の価値というものは、さらに希少性を高めて維持されていくことであろう。なぜならグローバル化においても、歴史によって蓄積されてきた希少性、本物らしさというものが求められることが考えられるからである。

また、プロジェクトによる活動は、真正性の観点からの評価を重視しているというよりはむしろ短期的なプロジェクトの連続性そのものによる商機の拡大に重きがある。そして、インスピレーションのシテ、プロジェクトのシテによって評価される活動は、インターネットのランキングやソーシャルメディアなど新たな評価媒体により一般的消費者からの評価に移行している状況を本書で指摘しておいた。また、こうしたインターネットを通じた価値づけ手法の広まりは、結果的に和菓子の真正性への興味関心を新たに引き起こすと考えられる。

　小山氏のチョコレートづくりを参照すると、現在の和菓子の萌芽的動向となっている茶の湯の美とは異なる審美性、デザインが、ソーシャルメディアを賑わすといった段階は、まだ一般消費者の興味関心を引くレベルに止まっていることにも気づかされるのである。フォトジェニックの後に来るもの、和菓子そのもののイノベーションが求められる。和菓子も食品として存在する以上、その基礎である「食べること」を置き去りにして和菓子の将来の発展は望めないと思われるのである。大田区の事例で、またかつての干し柿や栗といった素材におけるイノベーションなどに見られるように、まだまだ和菓子には発展の余地が膨大に残されている。

　それは、多彩な材料を和菓子に混入していくという意味だけではない。かつて、菓子職人は、小豆と砂糖という単純な食品の組み合わせを餡炊きの工程のなかで、優れた風味、食感のバランスを見出してきた。また職人は、「餡炊き10年」と呼ばれるほど長い期間をかけて体得し、その風味を伝承してきた。また、もち米やうるち米など一つの原材料を異なる手順、加工法によって、多彩な粉をつくり上げ、多彩な菓子を生み出してきた文化も大きな日本の菓子の特徴であろう。このような和菓子の特異性といったものは、文化を共有していない他者に伝えるときに、より明らかになり、その価値が見出されるのではないだろうか。そこでまた新しい課題が突き付けられることであろう。

　さらに和菓子に付されている生活文化、芸術性、地域や都市の文化との繋がりが再認識され、伝統的な和菓子の継承の糸口があるだろう。実際、京都での日本人および外国人の観光客が撮影した京菓子がインスタグラムなどを通じて普及しており、そこでは真正性への需要が喚起されているのである。このように現在の和菓子業界に見られる多様な価値づけの出現は、スターク（Stark:

2011) が述べたように、多様な「遺伝子プール」を提供している状況であり、結果的に和菓子文化の創造的継承に繋がると考えられる。

　さらに地域と和菓子との関係をテロワールという概念で検討する場合、仕様書や認証を重視することとなる。そのため和菓子の製造ノウハウ、つまり伝統的な製法の厳守や、材料の産地およびその品質、そして、伝統的な意匠といった点も地理的表示や知的所有権によって保護する必要性があるかもしれない。しかし、前述したように現在の和菓子の材料は、地域の農産品との繋がりを持ちにくい構造になっている。そのため、和菓子の真正性を「材料の地域性」に依拠して語ることは、難しいというのが現状である。しかし、北海道産小豆を使用する「小城羊羹」が、佐賀県内の地域ブランドとして一般財団法人食品産業センターが設置する「本場の本物」に認定されたように、和菓子の真正性は、材料による品質だけでなく、手仕事、職人技といった伝統的ノウハウが重要な要素をなしている。さらに中津川の栗きんとんで見たように、このような菓子が集積した地域には、現地へと足を運んでもらう魅力的な地域の文化資源、産品としても、和菓子が活かされ始めている。前述したように創造産業や音楽や舞台芸術、アートといった文化芸術の活動が、現在は、経済効果をもたらし、地域の再生に寄与していることなどが明らかにされつつある（佐々木：1997, 2003、本田：2016、吉田：2015）。

　しかしながら、食のグローバル化と、それに付随した食品の価値づけのグローバル化が進行している現状がある一方、和菓子には、社会的に認識されたガイドラインや評価システムは公的には存在していないため、需要者側では和菓子を評価し表現することは、個々人の好みや嗜好、流行といった域を脱していないと思われる。また現在は、茶の湯による和菓子の価値づけも存在しつつその影響力は薄れており、近年はソーシャルメディアによる個人からの情報発信やオンラインによる格付け等が急激に拡大し、和菓子もその対象となってきている。またこれまで、伝統産業としての保護や助成の対象ではなかったため、「Wagashi」が輸出やクールジャパンの一環として取り上げられることになった場合、どのような海外展開があり得るのか、今度の動向が注目される。

　前述したように株式会社ジャストシステムが行うマーケティングリサーチに関する情報サイト「Marketing Research Camp（マーケティング・リサーチ・キャン

プ）」で発表された、『人工知能（AI）＆ロボット 月次定点調査（2017〈平成29〉年6月度）』の結果で、将来、AIやロボットに「置きかわってほしくない」という回答がもっとも多かった医療系の職業は「救急救命士」（52.1％）で、次いで「医師」（48.8％）であった。また飲食系の職業では、「置きかわってほしくない」という回答がもっとも多かったのは「和菓子職人」（55.7％）で、次いで「板前」（55.3％）であったという。15歳〜69歳の男女1,100名を対象とした調査で、「和菓子職人」という職業が、板前よりも上位に挙がったという認知度の高さに、少なからず驚きと和菓子の未来は明るいのではないかという印象を受ける[*1]。

　社会の発展の方向性が、効率化に向かうなか、和菓子職人は今も手間暇かける工程によって、美味しさが生まれることを知っている。手抜きしない心を支えているものは、そこに本物の味があるからであろうし、お客様が美味しいと言ってもらえることにある。それが仕事のやりがいに繋がるということが多く聞かれた[*2]。

　消費者側からも、佐々木（2001）が「産業社会が先端的な技術開発を突き進めて、行き着くところまで行き着いた結果、逆に失ってしまった人間的な感性や暖かみなど文化的要素が成熟社会の消費者の間では評価され始めている」とし、「時代は機能性だけではなくて環境に配慮し、感性や文化性という面で評価される製品を生産しうるシステム、そして、職人の生きざまや哲学、美意識、感性などが製品のなかに表現されているものを生活者が選択して商品化する時代になった」（2001：57-58）と述べていることからも職人の手仕事の意義があらためて重視される時代になっている。

　日本は、世界に先駆けて無形文化遺産を保護してきた。それでもなお従来の観光資源と捉えられているものの多くは、「史跡」「名勝」「天然記念物」など有形文化財であり、これらが観光産業の中心的役割を担って来た傾向がある。しかし、現在の訪日外国人が食の領域に強い興味関心を示していることからも捉えられるように、日本の手仕事、食の領域を含めた無形文化に多くの独自性があり、したがって、今後地域再生の取り組みや魅力ある観光地域の形成にさいしても、日本の伝統的な行事や慣わし、手仕事の工芸品、郷土料理など生活文化にかかわる有形、無形の文化財を総合的に活かすことで地域の活性化や豊かな生活、さらに経済的発展に繋がることが期待される。

*1 　参照資料：https://marketing-rc.com/report/report-ai-20170706.html　2017年8月6日最終確認
*2 　加熱する工程が多い菓子の種類が増えるのが、夏となるため重労働であるといわれている。たとえ
　　　ば、葛を用いた饅頭やわらび餅など。

あとがき

　伝統から現在まで、変化変容しながらも生活によりそう和菓子という日本の食文化の価値をどうすれば表現でき、その価値を伝えられるかと困惑していたところ、フランスの食文化とそれをささえている理論研究に出会った。本書で紹介したような理論的分析を得たことで、現代の和菓子の価値や真正性が多様な要素から成っていること、そして和菓子業界が今、創造的発展に向かっていることにもあらためて気付かされた。和菓子をめぐる今日的変容、価値を巡っての不協和（D.スターク）とせめぎ合いといった混沌した状態は、和菓子業界の将来を明るいものにする過程になっているのである。

　また本書では詳しく触れられなかったが、「味の景勝地制度（SRG）」のように、地理的表示制度を発展させて地域の食文化を高付加価値化させるフランスの政策は学ぶべきことが多く、また「フランスの最も美しい村」でも食の位置づけが高く、筆者のフランスでの旅をより感銘深いものとしてくれた（筆者はフランスの和菓子店「azukiya」のあるコルマール周辺のワイン街道などを散策した）。

　和菓子のアート化のみならず、日本各地に伝わる和菓子がこうした景観や農産品とのシナジー効果を生み出すことで、地域の魅力を高め、観光資源となることができるのではないかと期待している。

　本書は、大阪市立大学大学院創造都市研究科の博士論文「和菓子における価値づけの変容：伝統から創造産業への変遷」をもとに、大幅に加筆と訂正を加えて、書籍としてまとめたものである。

　和食がユネスコの無形文化遺産に登録される以前、日本の食の海外からの評価といったものの多くが健康的な側面にかかわるものであった。そんな時代に、和菓子を日本の文化的価値、都市の文化として捉えたいという研究を応援して下さり、様々な研究の機会を与えて下さったのが佐々木雅幸先生である。さらに、コンヴァンシオン理論を取り入れ博士論文の完成に導いてくださった立見淳哉先生、そして、小長谷一之先生に心よりお礼を申し上げたい。またい

つも励ましとアドバイスをくださった佐々木ゼミのOBの方々は、研究を行いながら社会の第一線で活躍しておられ、目標とする存在だった。このような師と仲間や環境に恵まれ、研究を続けられたことが非常に幸運であった。また勤務先の皆様には、度々の不在にもかかわらず暖かく見守り、また都度助けていただき心より御礼申し上げたい。彼らの助けがなければ研究も成立しえなかった。

そして、何より和菓子業界の皆様には忙しい仕事の合間に貴重なお話、多くのご教示をいただき心より御礼を申し上げたい。とりわけ修士論文の時代からお世話になった塩芳軒主人髙家昌昭様、髙家啓太様には、道具類のご開示等にもご協力を賜ってきた、深く御礼申し上げたい。また亀屋良長主人の吉村良和様に貴重な資料を提供いただいた。なお全国和菓子協会専務理事藪光生様、株式会社虎屋取締役虎屋文庫専門職中山圭子様、両口屋菓匠専務清水利仲様、東京製菓学校校長梶山浩司様、そして茶道から鈴木宗博先生、3章にご支援を賜った菓匠会、京菓子協同組合の皆様、4章でお力添え賜った皆様、5章でお世話になったフランスの皆様に心より御礼申し上げたい。北海道帯広でも多々お力添えを賜った。また東海の和菓子業界の方々には前著より貴重なアドバイスを賜ってきた。なにより水曜社代表仙道弘生様には、博士論文をこのような形で書籍としてまとめる機会をいただいたことに心より感謝申し上げる。

Last, but not least、和菓子を一緒に楽しんだ実家の家族、そして東京での研究生活を支えてくれる夫にはどのような表現で感謝を伝えられるか言葉が見つからない。

西洋菓子と峻別するために「和菓子」と呼ばれるようになった日本の菓子がこれからは、世界の「和」、コミュニケーションを取り持つ菓子、平和の象徴となるような「和菓子」として末永く継承されることを願って感謝の言葉を締めくくりたい。

218

参考文献

- 会田雄次監修（2000）『江戸時代人づくり風土記〈50〉―近世日本の地域づくり200のテーマ』農山漁村文化協会。
- 青木直己（1997）「禁裏御用菓子屋の変遷と経営動向（1）」『和菓子』第4号、虎屋文庫。
- ―――――（2000）『図説和菓子の今昔』淡交社。
- ―――――（2017）『図説 和菓子の歴史』筑摩書房。
- 青木幸弘・電通ブランドプロジェクトチーム（1999）『ブランド・ビルディングの時代』電通。
- 青谷実知代（2010）「京野菜の地域ブランド化とマーケティング戦略」『生活科学論叢』第41号、pp.1-10。
- 青柳正規（2015）『文化立国論―日本のソフトパワーの底力』筑摩書房。
- 赤井達郎（1978）『京菓子』平凡社。
- ―――――（1982）「茶菓子の歩み」『別冊 家庭画報 茶道シリーズ3 宗家の茶菓子』世界文化社。
- ―――――（2005）『菓子の文化誌』河原書店。
- 秋山照子（2000）「『松屋会記』・『天王寺屋会記』・『神屋宗湛日記』・『今井宗久茶湯日記抜書』にみる中世末期から近世初頭の会席（第1報）：会席の菓子」『日本家政学会誌』第51巻第9号、pp.799-808。
- 麻井宇介（1981）『比較ワイン文化考―教養としての酒学』中公新書。
- ―――――（2001）『ワインづくりの思想』中央公論新社。
- 浅葉仁三郎（1980）『浜浅葉日記』横須賀史学研究会。
- 穴田小夜子（1971）「江戸時代の宇治茶師」『学習院史学』第8号、pp.47-70。
- 阿部宗正監修（2006）『裏千家茶道―茶席に招かれたら』世界文化社。
- ―――――（2008）『裏千家茶道―茶席の会話』世界文化社。
- 阿部佑平・柴田昌三・奥 敬一・深町加津枝（2011）「京都市におけるササの葉の生産および流通」『日本森林学会誌』第93号第6号、pp.270-276。
- 網野善彦（2005）『日本の歴史をよみなおす』ちくま学芸文庫。
- 安室知（1999）『餅と日本人』雄山閣出版。
- ―――（1999）「餅なし正月」『日本民俗学』188号、pp.49-87。
- 伊ва人光屋（2005）「品質構築のためのフレーミングとディカップリング―『有りがたし』のフレーミングと「よしかわ杜氏の郷」のアクター・ネットワーク」『新潟大学教育人間科学部紀要』第7巻第2号、pp.181-196。
- 石川県高等学校野外調査研究会（1994）『加賀・能登の伝統産業』能登印刷出版部。
- 石原留治郎（1981）『菓匠精華』淡交社。
- 井島勉（1958）『美学』創文社。
- 石橋幸作（1961）『駄菓子のふるさと』未来社。
- 石森秀三（1984）「死と贈答―見舞受納帳による社会関係の分析」伊藤幹治・栗田靖之編著『日本人の贈答』ミネルヴァ書房。
- 板橋春夫（1995）『葬式と赤飯』焕乎堂。
- ―――――（2009）「いのちの民俗誌試論―群馬県館林市上三林、下三林地区における誕生と死の儀礼分析から」『ぐんま史研究』26号 群馬県立文書館 pp.67-104。
- ―――――（2015）「書評 森隆男著 住まいの文化論：構造と変容をさぐる」『日本民俗学』283号 日本民俗学会 pp.102-107。
- 五木寛之（2014）『隠された日本 大阪・京都 宗教都市と前衛都市』筑摩書房。

- 伊藤正人 (2005)「動向解析 フランスの新しい農業政策―農業方向付け法案の概要」『農林水産政策研究所レビュー』第 17 巻、pp.3-12。
- 伊藤幹治 (2011)『贈答の日本文化』筑摩書房。
- 伊藤幹治・栗田靖之著 (1984)『日本人の贈答』ミネルヴァ書房。
- 井之口章次 (1975)『日本の俗信』弘文堂。
- 入江織美・亀井千歩子・ひらのりょうこ (1990)『日本のお菓子』山と渓谷社。
- 岩井宏實・日和祐樹 (2007)『神饌：神と人との饗宴（ものと人間の文化史）』法政大学出版局。
- 江後迪子 (1997)「江戸時代の九州の菓子」『和菓子』第 4 号、虎屋文庫。
- NHK ラジオ (2016)『まいにちフランス語 2016 年 3 月号』NHK 出版。
- 大久保洋子 (2013)「寒天について一考察」『和菓子』第 20 号、pp.24-40。
- 大友一雄 (1987)「献上役と村秩序―勝栗献上をめぐって」『徳川林政史研究所研究紀要』第 23 巻第 48 号、pp.77-109。
- ――――― (1989)「近世の献上儀礼にみる幕藩関係と村役―時献上・尾張藩蜂屋柿を事例に」『徳川林政史研究所研究紀要』第 23 巻第 52 号、pp.219-270。
- ――――― (1995)「近世の産物献上における将軍・大名・地域」『和菓子』第 2 号、pp.19-31。
- ――――― (1999)『日本近世国家の権威と儀礼』吉川弘文館。
- 大竹敏之・森崎美穂子 (2015)『東海の和菓子名店』ぴあ。
- 大野左紀子 (2008)『アーティスト症候群：アートと職人、クリエイターと芸能人』明治書院。
- 岡本恵美・西原勇介 (2002)「豆類収穫の作業体系別投下労働量と経済性」『帯広畜産大学草地畜産専修特別研究報告』第 16 巻、pp.6-7。
- 奥村彪生解説、農山漁村文化協会編 (2003)『聞き書・ふるさとの家庭料理―まんじゅう・おやき・おはぎ』（第 7 巻）農山漁村文化協会。
- 菓匠会記念誌委員会編 (1987)「菓匠會―記録・上菓子屋仲間から菓匠会まで」菓匠會。
- 片岡栄美 (1997)「家族の再生産戦略としての文化資本の相続」『家族社会学研究』第 9 巻、pp.23-38。
- ――――― (1997)「家族の再生産戦略としての文化資本の相続」『家族社会学研究』第 9 巻、pp.23-38。
- 川端道喜 (1987)『酒帒（しゅれん）―川端道喜随筆集』サンブライト出版。
- ――――― (1990)『和菓子の京都』岩波書店。
- 鬼頭弥生 (2008)「地域ブランドの品質規定における正当化の論理―賀茂なすの伝統産地と新興産地を事例として」『農林業問題研究』第 44 巻第 2 号、pp.337-346。
- 京菓子協同組合編 (1973)『京菓子の美』製菓実験社。
- 清真知子・鈴木宗博監修・執筆、淡交社編集局編 (2014)『淡交テキスト 茶席の菓子―和菓子のつくり方、盛り付け方、頂き方 5』淡交社。
- 熊倉功夫 (1977)『茶の湯―わび茶の心とかたち』教育社。
- ――――― (2009)『茶の湯といけばなの歴史』左右社。
- ――――― (2012)「日本の伝統的食文化としての和食」『和食―日本人の伝統的な食文化』農林水産省 HP http://www.maff.go.jp/j/keikaku/syokubunka/culture/attach/pdf/index-15.pdf 2018 年 2 月 5 日最終確認。
- 熊倉功夫ほか (1985)『史料による茶の湯の歴史』（上・下）主婦の友社。
- 久留島浩・吉田伸之編 (1995)『近世の社会集団―由緒と言説』山川出版社。
- 暮沢剛巳 (2009)『現代美術のキーワード 100』ちくま新書。
- 倉林正次 (1983)『天皇の祭りと民の祭り―大嘗祭新論』第一法規出版。
- 黒川光朝 (1984)『続・菓子屋のざれ言』虎屋。
- 黒川光博 (2005)『虎屋―和菓子と歩んだ五百年』新潮新書。
- 国連貿易開発会議 (UNCTAD) (2014)『クリエイティブ経済』明石芳彦他訳、ナカニシヤ出版。
- 後藤和子 (2010)「農村地域の持続可能な発展とクリエイティブ産業」『農村計画学会誌』第 29 号第 1 号、

220

pp.21-28。
- ――――（2014）「クリエイティブ産業の産業組織と政策課題―クールジャパンに求められる視点」『日本政策金融公庫論集』第22号、pp.57-70。
- 小長谷一之（1990）「アメリカにおける都市交通地理学の動向―都市構造と交通様式の関係をめぐって」『地理科学』第45巻第4号、pp.234-246。
- ――――（2004）「アジア創造都市仮説―アジアにおいて古都は創造都市の候補か？ジョグジャカルタを例として―」千里文化財団編（国際シンポジウム報告書）『新・都市の時代―創造都市への挑戦』。
- ――――（2005）『都市経済再生のまちづくり』古今書院。
- ――――（2014）「都市経済論・都市空間論からみた創造都市―構成的創造都市論」『創造都市研究』第10巻第1号、pp.1-38。
- 小西大東（1943）「菓子と文化」『家事と衛生』第19号第8号、pp.27-32。
- 小松田儀貞（2004）「ブルデュー社会学における『場』概念についての一考察」『秋田県立大学総合科学研究彙報』第5号、pp.77-83。
- 斎藤修・金山紀久編著（2013）『十勝型フードシステムの構築』農林統計出版。
- 齋藤康彦（2007）「近代数寄者のネットワークと存在形態―高橋箒庵『茶会記』を素材にして」『山梨大学教育人間科学部紀要』第9巻、pp.304-318。
- ――――（2009）「茶の湯の復興と近代数寄者の台頭」『山梨大学教育人間科学部紀要』(10),pp.287-298。
- ――――（2009）「近代数寄者の地域的展開―関西・中京・金沢」『山梨大学教育人間科学部紀要』第11巻、pp.329-341。
- ――――（2012）『近代数寄者のネットワーク―茶の湯を愛した実業家たち』思文閣出版。
- 坂木司（2010）『和菓子のアン』光文社。
- ―――（2016）『アンと青春』光文社。
- 相良百合子・石塚哉史（2014）「小豆産地におけるブランド管理戦略の現状と課題―春日大納言の事例を中心に」『農業市場研究』第23巻第1号、pp.74-80。
- 桜井徳太郎（1975）『寺社縁起』岩波書店。
- 佐々木雅幸（1997）『創造都市の経済学』勁草書房。
- ――――（2001）『創造都市への挑戦―産業と文化の息づく街へ』岩波書店。
- ――――（2003）「創造産業による都市経済の再生―その予備的考察」『季刊経済研究』第26巻第2号、pp.17-32。
- ――――（2012）『創造都市への挑戦―産業と文化の息づく街へ』岩波現代文庫。
- ――――（2014）「伝統工芸と創造都市―金沢と京都からの創造」『地域開発』第602巻、pp.18-24。
- ――――（2016）「文化庁の京都移転とこれからの文化行政」『文化経済学』第13巻第2号、pp. 40-43。
- 佐々木雅幸・川崎賢一・河島伸子編著（2009）『グローバル化する文化政策―文化政策のフロンティア』勁草書房。
- 佐々木雅幸・水内俊雄編（2009）『創造都市と社会包摂―文化多様性・市民知・まちづくり』水曜社。
- 佐々木雅幸ほか編著（2014）『創造農村―過疎をクリエイティブに生きる戦略』学芸出版社。
- 佐藤健太郎（2012）「古代日本の牛乳・乳製品の利用と貢進体制について」『関西大学東西学術研究所紀要』第45号、pp.47-65。
- 佐藤久泰（2012）「和菓子用十勝（北海道）産小豆の評価と要望（第7回十勝小豆研究会報告）」『豆類時報』第70巻、pp.13-21
- 塩沢由典・小長谷一之編著（2008）『まちづくりと創造都市―基礎と応用』晃洋書房。
- 島原作夫（2014）「生産・流通情報 伝統産地の大納言小豆と和菓子―丹波、備中、能登の大納言小豆を事例として」『豆類時報』第77巻、pp.27-34。
- 下橋敬長 述・羽倉敬尚 注（1979）『幕末の宮廷』平凡社。

- ジャン＝フランソワ・ゴーティエ著・八木尚子訳（1998）『ワインの文化史』文庫クセジュ、白水社。
- 鈴木晋一訳（1988）『古今名物御前菓子秘伝抄』原本現代訳、教育社新書。
- 鈴木晋一（1996）「嘉定と菓子」芳賀登・石川寛子監修『全集 日本の食文化 第6巻 和菓子・茶・酒』雄山閣、pp.59-77。
- 鈴木晋一・松本仲子編訳注（2003）『近世菓子製法書集成』（第1巻）東京文庫。
- ――――――――――――（2003）『近世菓子製法書集成』（第2巻）東京文庫。
- 鈴木美和子（2013）『文化資本としてのデザイン活動―ラテンアメリカ諸国の新潮流』水曜社。
- 鈴木宗康（1967）『日本の銘菓』保育社・カラーブックス。
- ――――（1968）『茶菓子の話』淡交社。
- ――――（1979）『裏千家茶道教科 教養編〈6〉茶の菓子』淡交社。
- ――――指導（1985）『茶席の菓子』世界文化社。
- 鈴木宗康ほか（1999）『茶の湯菓子』淡交社。
- 鈴木康博（2015）「茶の湯菓子とは」『淡交5月号』第855号、pp.22-25。
- 須田文明（2000）「品質の社会経済学の宣揚―コンヴァンシオン理論の展望から」『日本村落研究学会年報』第36巻、pp.183-219。
- ――――（2002）「フランスの公的品質表示産品におけるガヴァナンス構造―競争規則によるラベルルージュ家禽肉の扱いを中心に」『農林水産政策研究』第3号、pp.23-65。
- ――――（2004）「知識を通じた市場の構築と信頼―コンヴァンシオン経済学及びアクターネットワーク理論の展開から」進化経済学会。
- ――――（2005）「欧州における地域ブランド戦略の展開―フランスの地理的表示産品を事例に」『農業と経済』第71巻第13号、pp.50-62。
- ――――（2010）「フランスにおける地理的表示産品の高付加価値化」『フードシステム研究』第17巻第3号、pp.182-187。
- ――――（2013）「地理的表示を通じた地域振興―フランスの『味の景勝地』を事例に」『農林水産政策研究所レビュー』第52巻、pp.2-3。
- ――――（2015）「フランスにおけるテロワール産品の活用」『農業と経済』第81巻第12号、pp.71-78。
- ――――（2015）「文化遺産化される食と農―フランス及びイタリアのテロワール産品を事例に」、『フードシステム研究』第22巻第3号、pp.359-364。
- 須田文明・海老塚明（2013）「プラグマティックな社会経済学のために『資本主義の新たな精神』を手がかりに」『經濟學雑誌』第113巻第4号、pp.26-42。
- 須田文明・森崎美穂子（2016）「真正性の価値づけと市場のハイブリッド化―テロワール・ワインと有機農産物を事例に」『進化経済学会論集』。
- 製菓実験社（1958）『京菓子講座』製菓実験社。
- 千宗室監修（2008）『裏千家今日庵歴代第11巻―玄々斎精中』淡交社。
- 髙橋英一（2012）「京の食文化」『和食―日本人の伝統的な食文化』熊倉功夫編、農林水産省、pp.104-112。
- 髙橋梯二（2014）「国際協定と地理的表示」『明日の食品産業』第9号、pp.20-26。
- ――――（2015）『農林水産物・飲食品の地理的表示』農山漁村文化協会。
- 高橋康夫（1978）「戦国期京都の町組『六町』の地域構造」『日本建築学会論文報告集』第274巻、pp.137-147。
- 高柳長直（2006）『フードシステムの空間構造論―グローバル化の中の農産物産地振興』筑波書房。
- 立見淳哉（2000）「『地域的レギュラシオン』の視点からみた寒天産業の動態的発展プロセス―岐阜寒天産地と信州寒天産地を事例として」『人文地理』第52巻第6号、pp.552-574。
- ――――（2004）「産業集積の動態と関係性資産―児島アパレル産地の『生産の世界』」『地理学評論』第77巻第4号、pp.159-182。
- ――――（2005）「産業集積へのコンヴァンシオン・アプローチに向けて―児島アパレル産業集積地域へ

の適用を通じて」『経済地理学年報』第51巻第5号、pp.465-482。
- ―――（2006）「産業集積地域の発展におけるローカルな慣行」『創造都市研究』第2巻第1号、pp.1-16。
- ―――（2007）「産業集積への制度論的アプローチ―イノベーティブ・ミリュー論と『生産の世界』論」『経済地理学年報』第53巻第4号、pp.369-393。
- ―――（2008）「知識、学習、産業集積―認知と規範をつなぐ」『經濟學雜誌』第109巻第1号、pp.37-58。
- ―――（2015）「フランスのショレ・アパレル縫製産地の変容―制度・慣行の役割」『地理学評論』第88号第1号、pp.1-24。
- 立見淳哉・長尾謙吉（2013）「グローバル化、格差、コミュニティ―コンヴァンシオン理論を通した展望」『經濟學雜誌』第113号第4号、pp.85-103。
- 田中仙堂（2010）『茶の湯名言集』角川ソフィア文庫。
- 谷晃（1999）「茶会記に見る菓子」『和菓子』第6号、虎屋文庫。
- 丹波史談會編（1927）『丹波氷上郡志』（下巻）、丹波史談會。
- 辻ミチ子（2005）『京の和菓子：暮らしを彩る四季の技』中公新書。
- 富永次郎（1961）『日本の菓子』現代教養文庫。
- 虎屋文庫編著（2017）『和菓子を愛した人たち』山川出版社。
- 鳥海基樹・斎藤英俊・平賀あまな（2013）「フランスに於けるワイン用葡萄畑の景観保全に関する研究―一般的実態の整理とサン・テミリオン管轄区の事例分析」『日本建築学会計画系論文集』第78巻第685号、pp.643-652。
- 長沢伸也・染谷高士（2007）『老舗ブランド「虎屋」の伝統と革新―経験価値創造と技術経営』晃洋書房。
- 中山圭子（1996）「元禄時代と和菓子意匠」『和菓子』第3号、pp.22-33。
- ―――（2006）『事典 和菓子の世界』岩波書店。
- ―――（2011）『江戸時代の和菓子デザイン―Edo Period Japanese Confection Designs』ポプラ社。
- 新山陽子（2001）『牛肉のフードシステム―欧米と日本の比較分析』日本経済評論社。
- 西川如見（1947）『町人嚢・百姓嚢　長崎夜話草』岩波文庫。
- 日菓（2013）『日菓のしごと―京の和菓子帖』青幻舎。
- 日本放送協会・NHK出版編（2011）『直伝 和の極意：彩りの和菓子 春紀行』NHK出版。
- 野崎治男（1959）「家業意識の本質と現状―京菓子業者の家業意識に関する実証的研究1」『立命館大学人文科学研究所紀要』第7巻、pp.124-194。
- ―――（1961）「家業意識の本質と現状―京菓子業者の家業意識に関する実証的研究2」『立命館大学人文科学研究所紀要』第10巻、pp.35-63。
- 野村白鳳（1935）『郷土名物の由来―菓子の巻』郷土名物研究会。
- 芳賀幸四郎・西山松之助編（1962）『図説茶道大系〈第2〉茶の文化史』角川書店。
- 橋爪伸子（2006）「時献上から名菓への変遷―熊本のかせいたを事例に」『香蘭女子短期大学研究紀要』第49巻、pp.1-27。
- ―――（2006）「時献上から名菓への変遷：熊本のかせいたを事例に」『香蘭女子短期大学研究紀要』第49号 ,pp.1-27。
- ―――（2009）「和菓子研究―近世長崎の年中行事記録にみる菓子の実態―かすてら、桃饅頭を中心として」『和菓子』第16号、pp.71-88。
- 濱崎加奈子監修 勝治真美編集（2015）『京菓子と琳派―食べるアートの世界』淡交社。
- 濱田明美・林淳一（1991）「江戸期の菓子と宮廷（第1報）『御用控帳』から」『日本家政学会誌』第42巻第9号、pp.783-788。
- 早川幸男（2004）『菓子入門』日本食糧新聞社。
- 林淳一（1983）「京菓子」『調理科学』第16巻第1号、pp.2-9。
- ――（1984）「〈研究資料〉京都の上菓子屋仲間」『総合文化研究所紀要』第1巻、pp.141-143。
- ――（1996）「江戸期の宮廷と菓子」『全集 日本の食文化 第6巻 和菓子・茶・酒』（第6巻）雄山閣、

pp.39-57。

・原田信男（1989）『江戸の料理史―料理本と料理文化』中央公論社。

・東昇（2010）「日本近世における産物記録と土産・名物・時献上―伊予大洲藩の伊予簾と鮎」『洛北史学』第12巻、pp.25-45。

・平野雅章（2000）「日本人と砂糖の交流史」『月報 砂糖類情報』2000年12月号、農畜産業振興機構 HP https://sugar.alic.go.jp/japan/view/jv_0012a.htm 2018年2月5日最終確認。

・福田アジオ（1997）『番と衆』吉川弘文館。

・藤本如泉（1968）『日本の菓子』河原書店。

・古川瑞昌（1972）『餅の博物誌』東京書房社。

・本田洋一（2016）『アートの力と地域イノベーション』水曜社。

・前田泰次（1975）『現代の工芸―生活との結びつきを求めて』岩波書店。

・松永桂子（2015）『ローカル志向の時代』光文社新書。

・松本美鈴（2015）「豆の調理にみる地域性」『青山学院女子短期大学総合文化研究所年報』第11巻、pp.81-98。

・ミシェル・フーコー著・清水徹ほか訳（1990）『作者とは何か?』哲学書房。

・水上力ほか著（2016）『IKKOAN 一幸庵―72の季節のかたち』青幻舎。

・宮津大輔編著（2014）『現代アート経済学』光文社新書。

・村岡安廣（2006）『肥前の菓子―シュガーロード長崎街道を行く』佐賀新聞社。

・森崎美穂子（2015）「伝統的な食文化を構築する品質について―コンヴァンシオン理論を用いた和菓子の分析より」『フードシステム研究』第22巻第3号、pp.353-358。

・盛本昌広（2008）『贈答と宴会の中世』吉川弘文館。

・守安正（1953）『お菓子の歴史』白水社。

・―――（1957）『菓子―由来と味わい方』ダヴィッド社。

・―――（1965）『お菓子の歴史』白水社。

・―――（1971）『日本名菓辞典』東京堂出版。

・諸江吉太郎（2002）『加賀百万石ゆかりの菓子』落雁諸江屋。

・八百啓介（2011）『砂糖の通った道―菓子から見た社会史』弦書房。

・安田昌弘（2014）「フランスの日本のポップ・カルチャー」『京都精華大学紀要』第44号、pp.104-124。

・安本教傳（2011）「栄養面からみた日本的特質」『日本食文化テキスト』農林水産省。

・柳田國男（1990）『柳田國男全集17』ちくま文庫。

・柳田國男著、国学院大学日本文化研究所編（1974）『分類食物習俗語彙』角川書店。

・藪光生（2007）「和菓子産業の現況」『月報 砂糖類情報』2007年1月号、農畜産業振興機構 HP http://sugar.alic.go.jp/japan/view/jv_0701b.htm 2018年2月5日最終確認。

・山口富藏（1990）『山口富蔵の京菓子読本』中央公論社。

・――――（1993）「京の四季と菓子」納屋嘉治（編）『淡交別冊 和菓子 四季を彩る名菓と器』淡交社。

・――――（2011）『菓子司・末富―京菓子の世界』世界文化社。

・山口睦（2012）『贈答の近代―人類学からみた贈与交換と日本社会』東北大学出版会。

・山田太門（2006）「展望―文化経済像をどう捉えるか」『文化経済学』第5巻第2号、pp.1-2。

・――――（2016）「文化経済学の未来像」『文化経済学』第13巻第2号、pp.10-16。

・横須賀史学研究会編（1982）『浜浅葉日記（3）』横須賀市立図書館。

・―――――――（1983）『浜浅葉日記（4）』横須賀市立図書館。

・―――――――（1990）『浜浅葉日記（5）』横須賀市立図書館。

・吉田隆之（2015）『トリエンナーレはなにをめざすのか―都市型芸術祭の意義と展望』水曜社。

・米山俊直（1981）「日本文化と和菓子」『和菓子歳時記』別冊太陽 日本のこころ No.36、平凡社 pp.55-66。

・wagashi asobi（2016）『わがしごと』コトノハ。

- 渡部忠世・深澤小百合（1998）『もち（糯・餅）〈ものと人間の文化史 89〉』法政大学出版局。
- 『月刊京都』1979年6月号「ひとりの菓匠」美乃美。
- 『製菓製パン』2016年6月号、製菓実験社。
- 『別冊家庭画報 宗家の茶菓子』（1982）世界文化社。

- Allaire, G., Boyer, R.（ed）（1995）La Grande Transoformation de l'Agriculture, Paris, INRA-Economica.（津守英夫ほか訳（1997）『市場原理を超える農業の大転換』農山漁村文化協会）。
- Appadurai, A.（ed）（1986）The Social Life of Things, Cambridge, Cambridge University Press.
- Aspers, P., Beckert, J.（2011）"Value in Markets", in Aspers, P., Beckert, J.（eds）, The Worth of Goods, Oxford, Oxford University Press, pp.3-38.
- Batifoulier, P.（ed）（2001）Théorie des Conventios, Paris, Economica.（海老塚明・須田文明訳（2006）『コンヴァンシオン理論の射程』昭和堂）。.
- Beckert, J. et al.（2014）"Wine as Cultural Product", MPIfG Discussion Paper, MAX-PLANCK-INSTITUTE FOR THE STUDY OF SOCIETIES, vol.14, no.2,
- Benjamin, W.（1936）"Das Kunstwerk im Zeitalter seiner technischen Reproduzierbarkeit".（野村修編訳（1994）「複製技術の時代における芸術作品」『ボードレール 他五篇』岩波書店、pp.59-122）。
- Berard, L., Marchenay, P.（2004）Les Produits de Terroir, entre Culture et Reglements, Paris, CNRS Éditions.
- Bessy, C., Chateauraynaud, F.（1995）"Economie de la perception et qualité des produits", Cahiers d'Économie et Sociologie Rurales, no.37, pp.177-199.
- Bessy, C., Chateauraynaud, F.（1993）"Les ressorts de l'expertise: Epreuves d'authenticité engagement des corps", Raison Pratiques, no.4, pp.141-164.
- Bessy, C., Chauvin, P.-M.（2013）"The Power of Market Intermediaires", Valuation Studies, vol.1, no.1, pp.83-117.
- Bourdieu, P.（1977）"Sur le pouvoir symbolique", Annales, vol.32, no.3, pp.405-411.（福井憲彦・山本哲士編（1986）「文化資本の三つの姿」『actes 1 特集：象徴権力とプラチック』日本エディタースクール）。
- Bourdieu, P.（1980）Questions de sociologie, Paris, Éditions de Minuit.（田原音和監訳（1991）『社会学の社会学』藤原書店）。
- Boltanski, L., Chiapello, E.（1999）Le Nouvel Esprit du Capitalism, Paris, Gallimard.（三浦直希ほか訳（2013）『資本主義の新たな精神』ナカニシヤ出版）。
- Boltanski, L.（1940-）grandeur, justification, amour, capitalisme, cité.（三浦直希訳（2011）『偉大さのエコノミーと愛』、文化科学高等研究院出版局）。
- Boltanski, L., Thévenot, L.（1991）De la Justification, Paris, Gallimard.（三浦直希訳（2007）『正当化の理論』新曜社）。
- Callon, M.（1991）"Techno-economic networks and irreversibility", in Law, John, A sociology of monsters：essays on power, technology and domination, London, Routledge, pp.132-165.
- ————（1998）"The embeddedness of economic markets in economics" in Callon（ed）, The Laws of the Markets, Oxford, Blackwell.
- ————（2002）"The economy of qualities", Economy & Society, vol.31, no.2, pp.194-217.
- Callon, M., et al.（2000）"L'économie des qualités", Année, vol.13, no.52, pp.211-239.
- Capus, J.（1947）La Genèse des AOC, Paris, INAO.
- Casabianca F., Sylvander B., Noël Y., Béranger C., Coulon J.-B., Roncin F., 2005 –"Terroir et typicité : deux concepts-clés des Appellations d'origine contrôlée. Essai de définitions

scientifiques et opérationnelles" Communication pour le Symposium international Territoires et enjeux du développement régional, Lyon, PSDR, 9-11 mars 2005.

- Cowen, T.（2002）Creative Destruction: How Globalization is Changing the World's Cultures, Princeton, Princeton University Press.（浜野志保訳（2011）『創造的破壊―グローバル文化経済学とコンテンツ産業』田中秀臣監訳、作品社）。
- David, H.（1990）The Condition of Postmodernity, Oxford, BlackwelI.（吉原直樹監訳（1999）『ポストモダニテイの条件』青木書店）。
- De Raymond, A.-R., Chauvin, P.-M.（2014）Sociologie Economique, Malakoff, Armand Colin.
- Delfosse, C.（ed）（2011）La Mode du Terroir et les Produits Alimentaires, Paris, Les Indes Savantes.
- Dewey, J.（2011［1939］）Theory of Valuation in Boydston,J.A.(ed),The Later words.Vol.13. Southern Illinois University Press,1991,pp.189-251.（岩田浩訳（2007）「価値づけの理論」『大阪産業大学論集』第1巻、pp.87-112）。
- DiMaggio, P.（1991）"Social Structure, Institutions, and Cultural Goods: The Case of the United States." in Bourdieu, P., Coleman, James S.（eds）, Social Theory for a Changing Society, Boulder, Westview Press.
- Eymard-Duvernay, F.（2004）Economie Politique de l'Entreprise, Paris, La Découverte.（海老塚明ほか訳（2006）『企業の政治経済学』ナカニシヤ出版）。
- Eymard-Duvernay, F.（1989）"Conventions de qualité et formes de coordination", Revue économique, vol.40, no.2, mars, pp.329-359.
- Florida, R.（2005）Cities and the Creative Classe, London, Routledge.（小長谷一之訳（2010）『クリエイティブ都市経済論―地域活性化の条件』日本評論社）。
- Garcia-Parpet, M.-F.（2011）"Symbolic values and the establishment of prices: Globalization of the wine market", in Aspers, P., Beckert, J.（eds）, The Worth of Goods, Oxford, Oxford University Press, pp.131-154.
- Harvey, D.（2013）Rebel Cities: From the Right to the City to the Urban Revolution, London, Verso.（森田成也 ほか訳(2013)『反乱する都市―資本のアーバナイゼーションと都市の再創造』作品社）。
- Hennion, A.（2015）"Qu'est-ce qu'un bon vin? Ou comment interesser la sociologie a la valeur des choses", i3 Working Papers Series, 15-CSI-O1.（須田文明・立見淳哉訳（2015）「良いワインとは何であろうか？あるいは、社会学をいかにしてモノの価値へと関心を向けさせるか」『創造都市研究』第11巻第1号、pp.7-22）。
- Hobsbawm, E., Ranger, T.（1983）The invention of Tradition, Cambridge, Cambridge University Press.（前川啓治・梶原景昭ほか訳（1992）『創られた伝統』紀伊國屋書店）。
- Karpik, L.（2007）L'économie des singularités, Gallimard.（Nora Scott（翻訳）（2010）Valuing the Unique: The Economics of Singularities, Princeton Univ Pr.）
- Lancaster, K.（1966）"A New Approach to Consumer Theory", Journal of Political Economy, no.74, pp.132-157.
- Lancaster, K.（1991）"The 'product variety' case for protection", Journal of International Economics, no.31, pp.1-26.
- Latour, B., Lépinay, A.（2008）L'Economie, Science des intérêst passionnés, Paris, Découverte.
- Lave, J., Wenger, Etienne.（1991）Situated Learning Cambridge, Cambridge University Press.（福島真人解説、佐伯胖 翻訳（1993）『状況に埋め込まれた学習：正統的周辺参加』産業図書）。
- Livet, P., Thévenot, L.（1994）"Les categories de l'action collective" Orlean.A.（ed）, Analyse economique des Conventions, Collection économie, Paris, PUF, pp.139-67.
- Mintz, S-W.（1986）Sweetness and Power, London, Penguin Books.（川北 稔・和田光弘訳（1988）『甘さと権力：砂糖が語る近代史』平凡社）。
- Muniesa, F.（2012）"A frank movement in the understanding of valuation", in Adkins, L., Lury,

C. (eds), Measure and Value, Oxford, Wiley-Blackwell, pp.24-38.

- Nicolas, F., Valceschini, E. (ed) (1987) Agro-Alimentaire: Une Economie de la Qualité, Paris, INRA.]Parsons, T. (1961) "Introduction to Part 4 (Culture and the Social System), in T. Parsons, E. Shils, K.D. Naegele and Pitts J.R. (ed), Theories of Society: Foundation of Modern Sociological Theory, New York, The Free Press. (丸山哲央訳 (1991)『文化システム論』ミネルヴァ書房)。
- Salais, R., Storper, M. (1992) "The four worlds of contemporary industry", Cambridge Journal of Economics, vol.16, no.2, pp.169-193.
- Spooner, B. (1986) "Weavers and dealers : the authenticity of an oriental carpet", in Appadurai, A. (ed), The Social Life of Things : Commodities in Cultural Perspective, Cambridge, Cambridge University Press.
- Stark, D. (2009) The Sense of Dissonance: Accounts of Worth in Economic Life, Princeton, Princeton University Press. (中野勉ほか訳 (2011)『多様性とイノベーション—価値体系のマネジメントと組織のネットワーク・ダイナミズム』日経 BP)。
- Stark, D. (2011) "What's Valuable?" in Aspers, P., Beckert, J. (eds), The Worth of Goods: Valuation and Pricing in the Economy, Oxford, Oxford University Press.
- Sylvander, B. (1995) "Conventions de qualité et institutions: le cas des produits de qualité spécifique", in Allaire, G., Boyer, R. (ed), La grande transformation de l'agriculture, Paris, INRA-Economica. (津守英夫ほか訳〈1997〉『市場原理を超える農業の大転換—レギュラシオン・コンヴァンシオン理論による分析と提起』食料・農業政策研究センター)。
- Teil, G., Sandrine, B. (2011) "Faire la preuve de l'authenticité du patrimoine alimentaire: Le cas des vins de terroir", Anthropology of food 8.
- Teil, G. (200?) "Un jugement sur la qualité des vins: Analyse des procédures de dégustation de la critique vinicole". (引用元 www.vdqs.net/documents/cahier4/theil.pdf　2016年10月10日最終確認)
- Teil, G. (2012) "No Such Thing as Terroir? : Objectivities and the Regimes of Existence of Objects", Science, Technology, & Human Values, vol.37, no.5, pp.478-505.
- Throsby, D. (2001) Economics and Culture, Cambridge : Cambridge University Press. (中谷武雄・後藤和子監訳 (2002)『文化経済学入門：創造性の探求から都市再生まで』日本経済新聞社)。
- Troughton M J (1986) " Farming systems in the modern world In" Pacione M (ed.) Progress in agricultural geography. Croom Helm, London, pp.93-123.
- Velthuis, O. (2005) Talking Prices: Symbolic Meanings of Prices on the Market for Contemporary Art, Princeton, Princeton University Press.
- Viviana A. Rotman Zelizer. (1979) Morals and Markets: The Development of Life Insurance in the United States, Columbia, Columbia Univ Pr.
- Wenger, E. (1998) "Communities of Practice : Learning, meaning, and Identity", Cambridge and New York, Cambridge University Press.

索引

◎著者紹介

森崎 美穂子（もりさき・みほこ）

大阪市立大学大学院創造都市研究科客員研究員。大阪市立大学大学院創造都市研究科博士後期課程修了。博士（創造都市）。現代まで受け継がれてきた伝統的な食文化、とりわけ和菓子に注目し、その地域資源としての活用を研究テーマとしている。食文化と地域農業をテーマとした観光振興について日仏比較研究を実施中。共著に『東海の和菓子名店』（ぴあ）、『創造社会の都市と農村』（水曜社）。

和菓子 伝統と創造　　補訂版

何に価値の真正性を見出すのか

発行日	2018 年 4 月 1 日　初版第一刷発行
	2020 年 9 月20日　初版補訂版発行
著者	森崎 美穂子
発行人	仙道 弘生
発行所	株式会社 水曜社
	160-0022
	東京都新宿区新宿 1-14-12
	TEL 03-3351-8768　FAX 03-5362-7279
	URL suiyosha.hondana.jp/
装幀	井川祥子
印刷	日本ハイコム 株式会社

©MORISAKI Mihoko 2020, Printed in Japan
ISBN 978-4-88065-486-7 C0030

文化と まちづくり 叢書 地域社会の明日を描く──

全国の書店でお買い求めください。価格はすべて税別です。